小兰 小叽 夏尔 南小鸟 雪见 爷爷

墨叔手工工作室
（末日）/ 主编

幸福手作
超轻黏土
正比人物

扫一扫
免费获取
“阎魔爱”教程视频

河南美术出版社
· 郑州 ·

前言

我从一个单纯的手工爱好者，成长为一名职业手作人，靠的完全是内心深处对黏土制作的那份热爱。每一次看到黏土在自己手中变幻成一件件作品，我都体会到一种发自内心的激动和喜悦。

作为“墨叔手工工作室”的一员，我跟随着工作室逐步成长，也见证了工作室的发展壮大，为此我由衷地欣慰和感动。“墨叔手工工作室”是一个手工制作工作室，但更是一个交流和分享的平台，由一群热爱手工制作的朋友共同搭建，大家在这里互相学习、共同提高，相伴度过美好的手作时光，彼此分享手作带来的幸福和喜悦。

我们很高兴地看到，作为近年来非常流行的一种手工材料，超轻黏土凭着“低成本、易操作、易保存”的突出特点，已经成为众多手作爱好者的首选材料。为了与更多的朋友和同好分享超轻黏土带来的手作乐趣，我们制作了这套“幸福手作 超轻黏土”。我很荣幸能参与这套教程的制作，并负责《正比人物》这本书的编写。在这本书中，我向大家介绍了六个人物的正比手办制作过程，以从易到难、由简到繁的方式，详细向大家展示黏土人物的具体制作方法和技巧。我相信，经过练习，大家不仅能够学会人物手办的制作，创作出属于自己的黏土手办，更重要的是，能够享受快乐的手作体验，度过幸福的手作时光。

体验并分享手作的愉悦和美好，是我们编写这套教程的宗旨，也是我们职业手作人的职责。因为，手作的本质，就是让人感受到幸福和快乐。

墨叔工作室（末日）

目录

第一章 工具材料介绍

2. 素材土:

未经过染色的树脂黏土，未风干前呈白色，风干后呈淡黄色，有透明质感，可与超轻黏土混合，增加超轻黏土作品的光泽度。

1. 超轻黏土:

新型环保的 DIY 手工材料，色彩鲜艳，使用便利，一次成型，作品可以直接风干进行保存。

3. 雪花泥:

白色颗粒状黏土，可用于制作毛绒动物、雪景等。

4. 塑料工具三件套:

超轻黏土常用工具，用以辅助塑形。

5. 手工剪刀：

常用于制作黏土人偶的头发、服饰等。

6. 白乳胶：

可以把黏土零件粘在一起，也可用于作品和底座的连接。

7. 黏土底座：

常见的有亚克力底座和木片底座，钻孔后可将黏土作品固定在底座上。可适当搭配草粉、落叶粉一起使用。

8. 黏土专用擀面杖：

可以把黏土擀成均匀的薄片，常见的有不锈钢擀面杖和亚克力擀面杖。

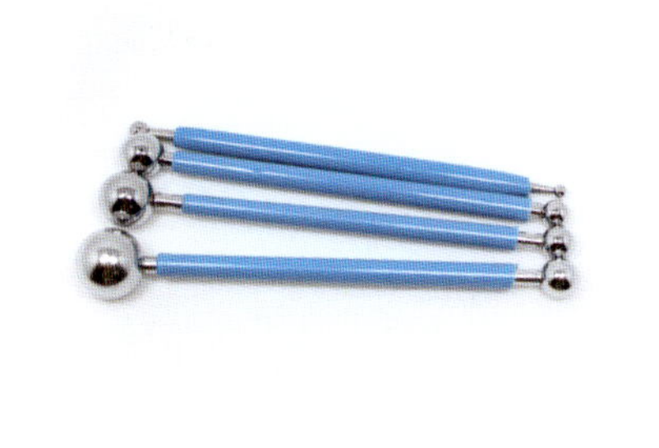

9. 丸棒：

常用于压痕，例如压眼窝等，也可用来制作花瓣。

10. 金属色丙烯颜料：

直接刷在黏土上，可以让黏土作品呈金属色。

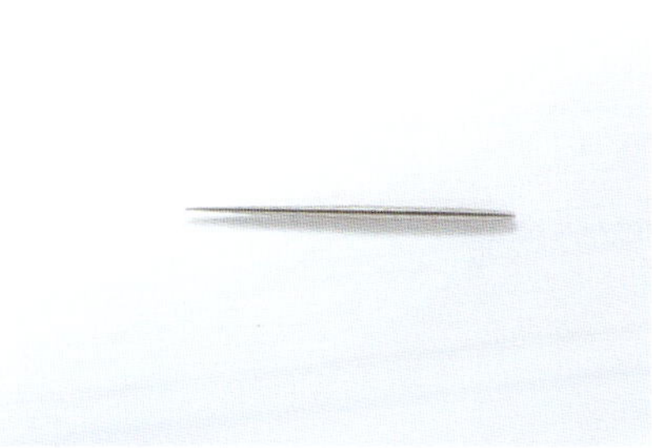

11. 细节棒：

可用来制作服装纹理、人体曲线。

12. 小刀：

用于切割和缝隙的制作。

13. 珠光粉：

可与黏土混合在一起使用，也可以直接涂抹在黏土上。

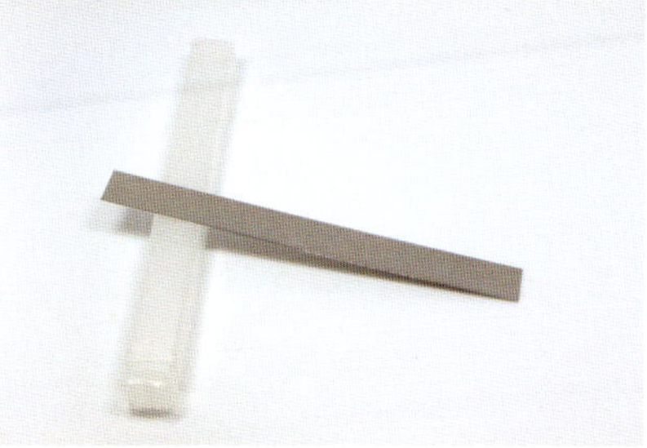

14. 长刀片：

可弯折出较大的弧度，用于较整齐的切割和弧形的切割。（由于刀口锋利，请不要给小朋友购买使用）

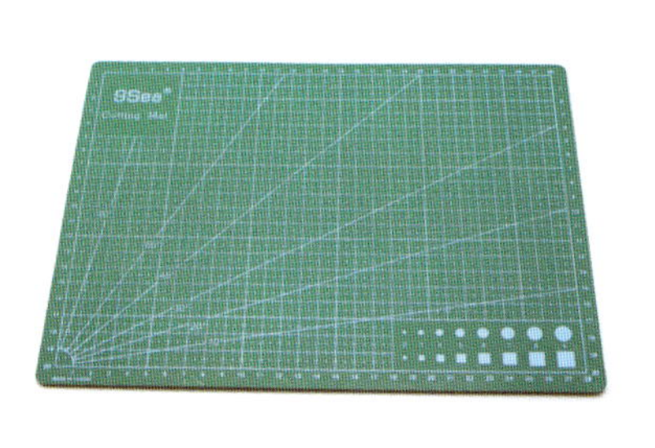

15. 切割垫板：

可保持制作环境的干净整洁，保护桌面不被划伤。

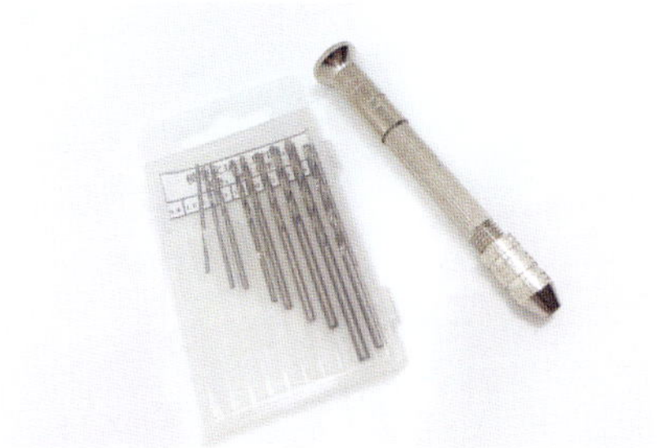

16. 手钻：

可搭配不同型号的钻头，常用于底座的打孔。

17. 铅笔：

画人偶眼睛的时候用来打底稿，如果画错，可用橡皮、湿巾、擦擦克林擦掉。

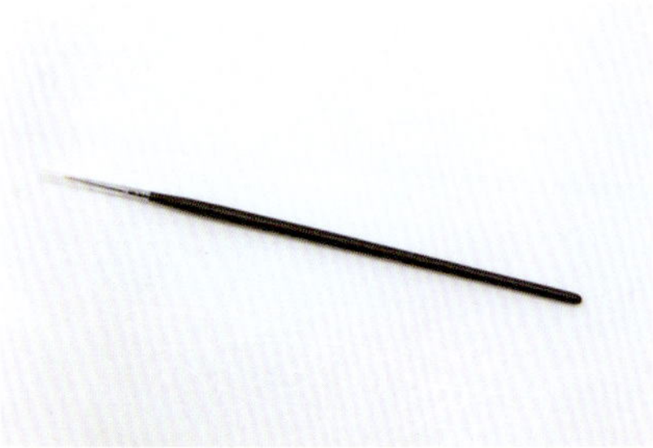

18. 面相笔：

用来绘制人偶的眼睛和服饰的花纹等，黏土制作中常用 000 和 00000 两个型号。

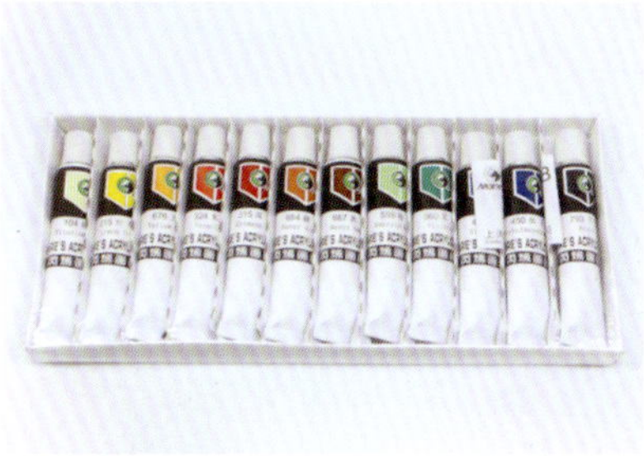

19. 丙烯颜料：

风干后防水，可用于人偶眼睛、服装花纹的绘制，常搭配丙烯调和液使用。

20. 色粉笔：

颜料粉末制成的干粉笔。

第二章 基础手法 & 分步讲解

脸部制作

1\. 用黏土搓一个圆球。

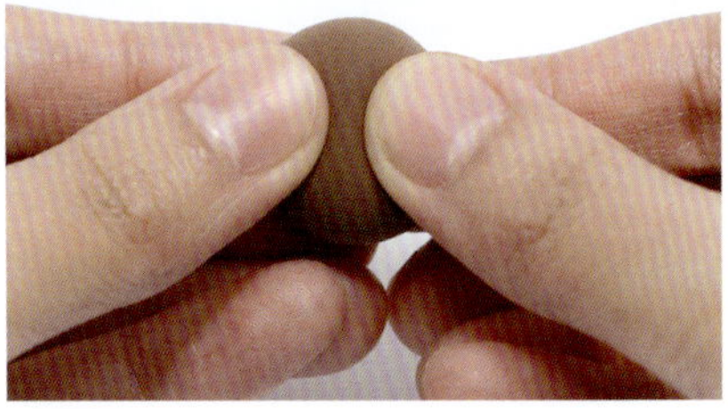

2\. 用两根大拇指在两边同时按压。

3\. 压出眼窝及鼻梁的位置。

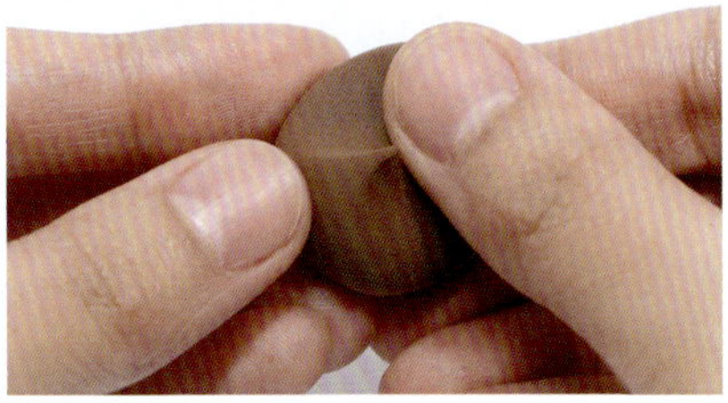

4\. 用拇指按压黏土中间的凸起，塑造出鼻子的轮廓。

5\. 用两根大拇指压出下巴的轮廓。

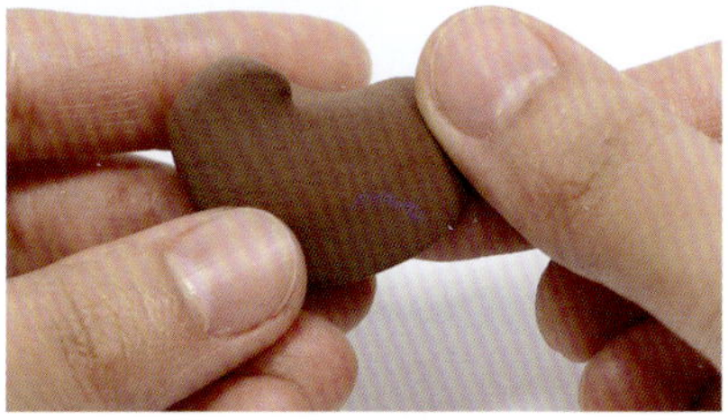

6\. 用手指调整脸部边缘的形状。

7\. 得到大致轮廓。

8\. 用大拇指轻按鼻尖两侧，细化鼻子线条。

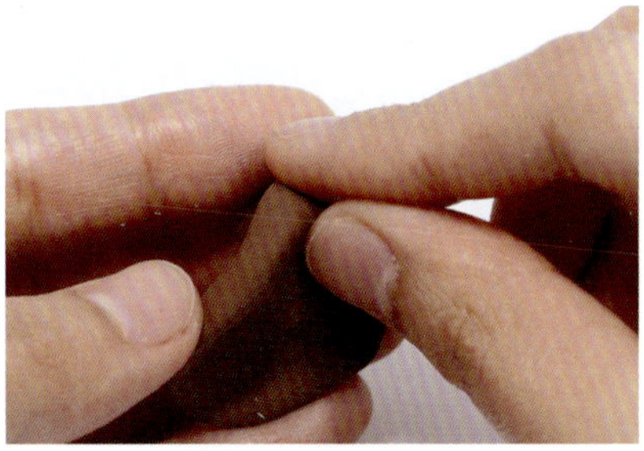

9\. 用大拇指和食指从脸的背面加深下巴的形状。

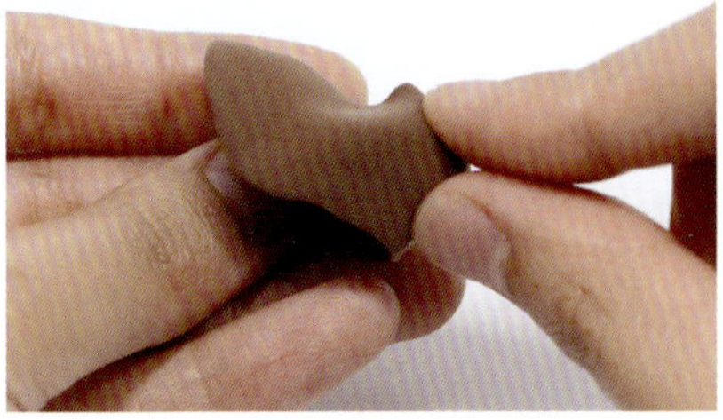

10\. 从正面细化下巴和鼻尖。

11\. 脸部完成。

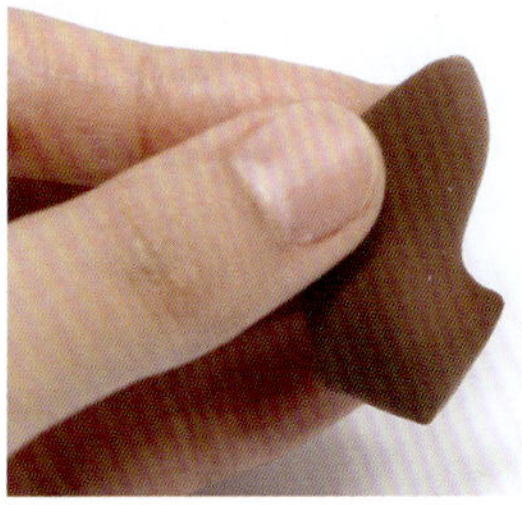

12\. 侧面线条。

手部制作

1.

用黏土搓一个圆球。

2.

再将圆球搓成酒瓶的形状。

3.

将酒瓶的瓶身捏扁，做出手掌大致的形状。

4.

用剪刀剪出四个手指的形状，再用抹刀调整指缝处的剪痕。

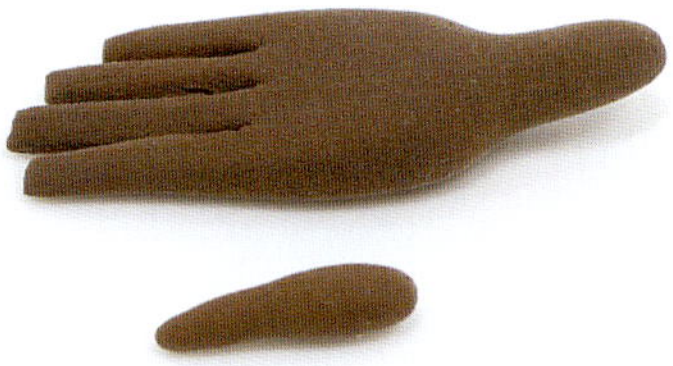

5.

准备一小块黏土，搓成水滴状，做成大拇指。

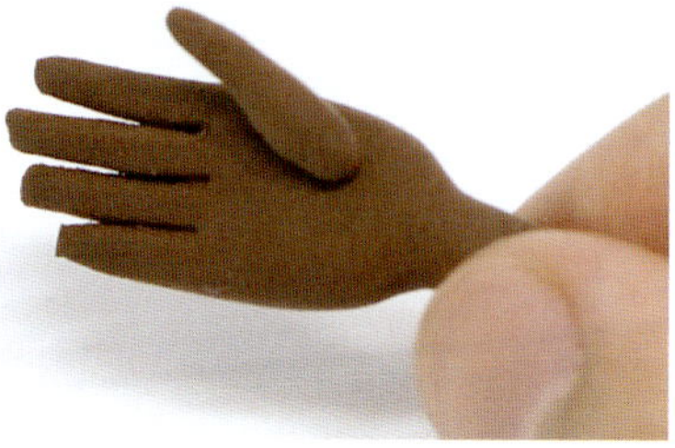

6.

将大拇指粘在手掌的内侧。

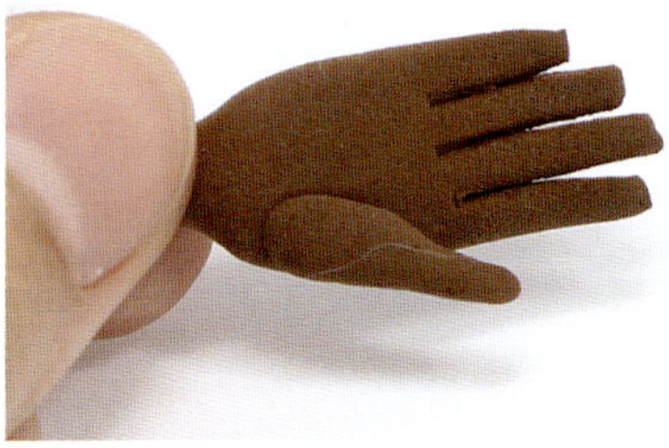

7.

手部完成。

8.

可以根据作品的需要，调整手部的动作。

腿部制作

1.

用黏土搓一个圆球。

2.

捏成圆柱体。

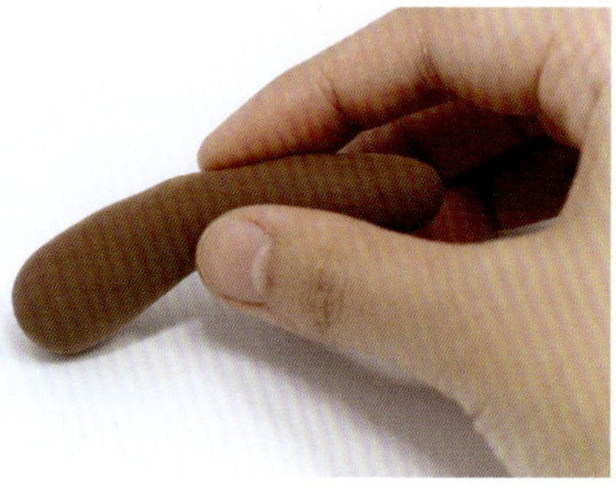

3.

压出膝盖的位置。

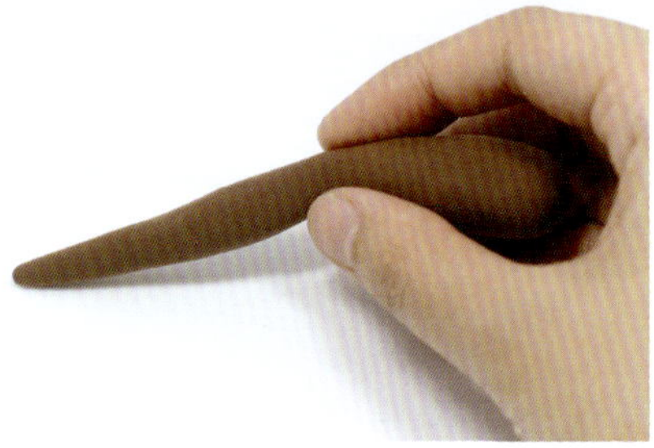

4.

先简单捏出大腿和小腿的曲线，再强化膝盖的轮廓。

5.

腿部的大致轮廓已经完成。

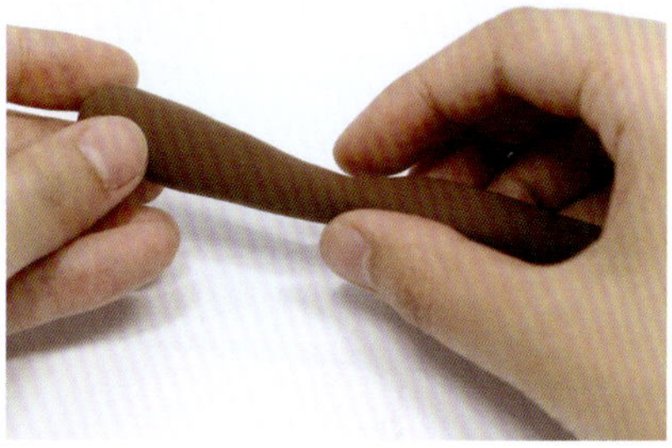

6.

用拇指和食指在膝盖内侧按压，捏出小腿骨的大致位置。

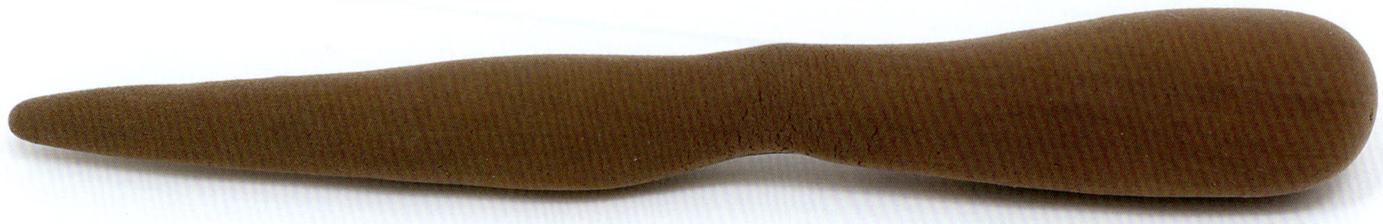

7.

腿部完成。

女性上半身素体的制作

1.
捏一个圆柱。

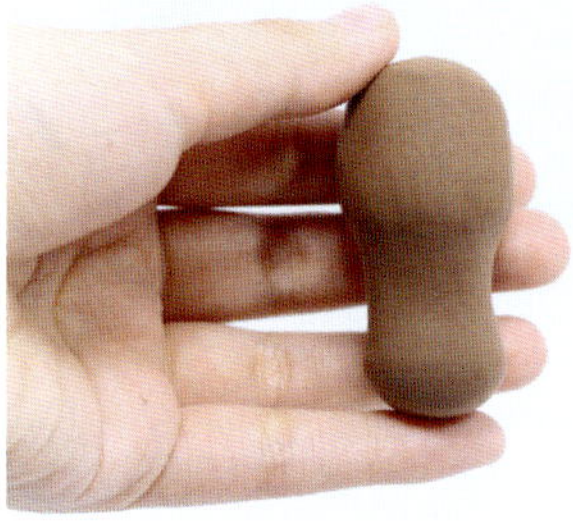

2.
在圆柱上捏出腰的位置。

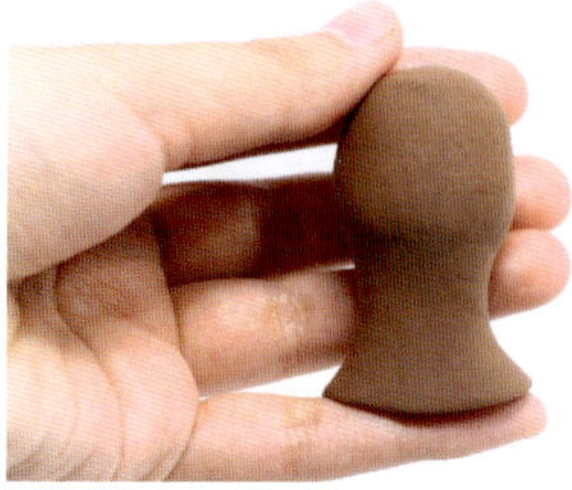

3.
用手指细化腰线。

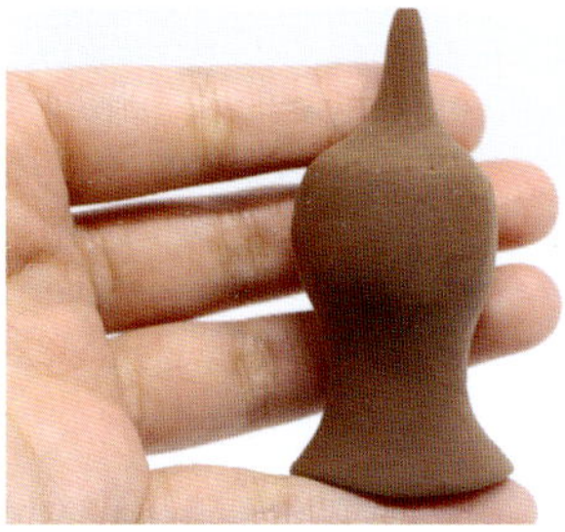

4.
捏出脖子。

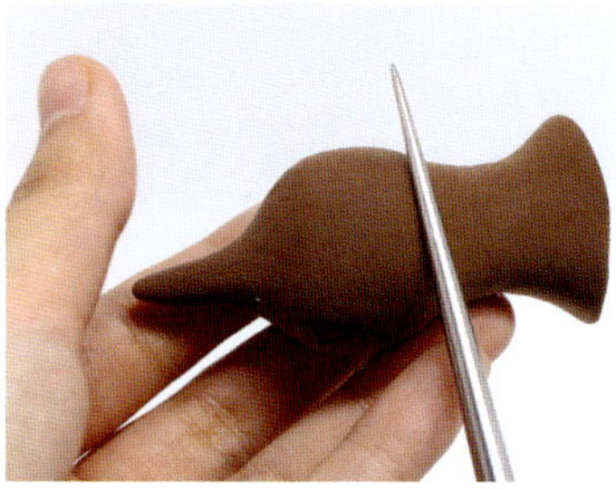

5.
用细节棒压出胸的位置。

6.
胸的大致位置展示。

7.
用大拇指压平压痕下方。

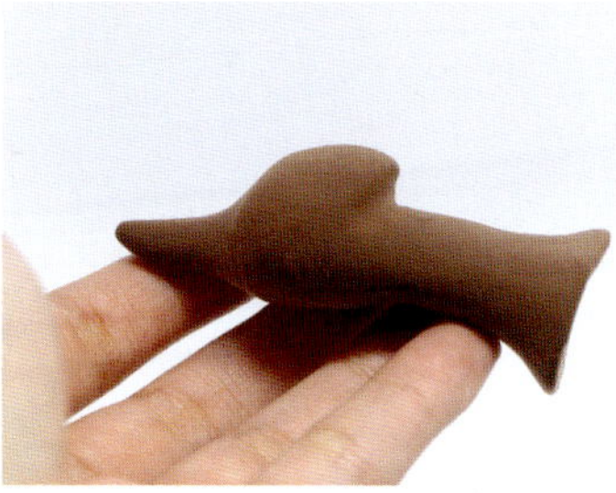

8.
平整的肋骨区域展示。

9.
用大拇指向上推，修整胸的形状。

10.
胸的大致形状展示。

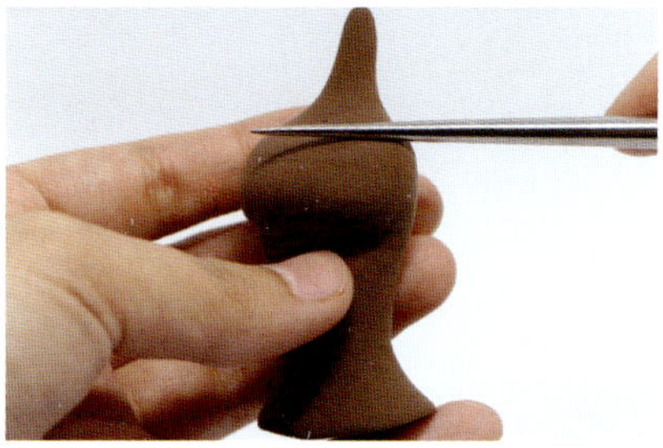

11.
用细节棒压出锁骨位置。

12.
注意两边对称。

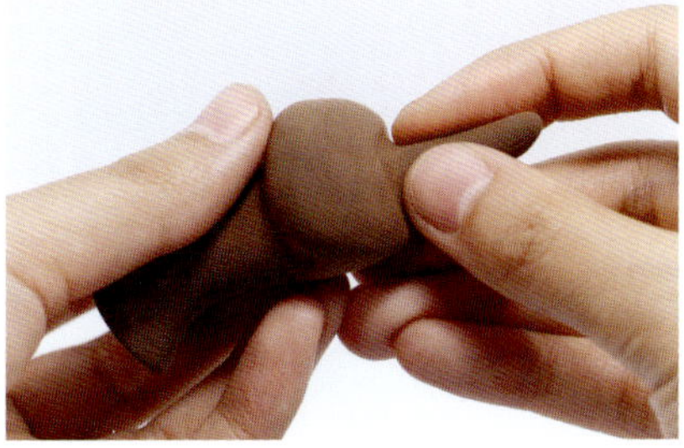

13.

用手指修饰锁骨压痕与脖子。

14.

细化局部。

15.

修饰锁骨下方线条，使锁骨突起。

16.

用大拇指按压，修饰侧胸线条。

17.

正面效果展示。

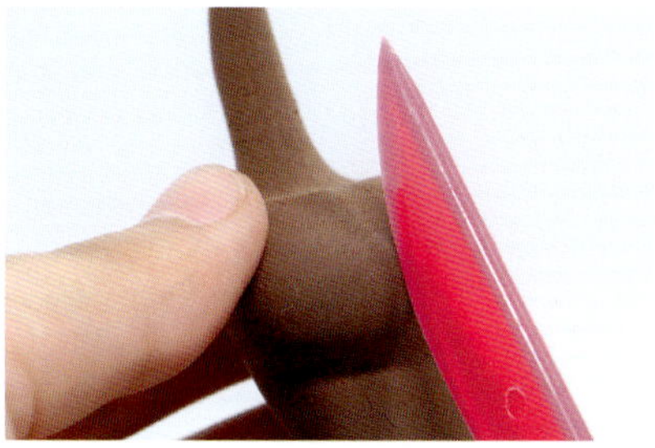

18.

用塑料刀压出乳沟。

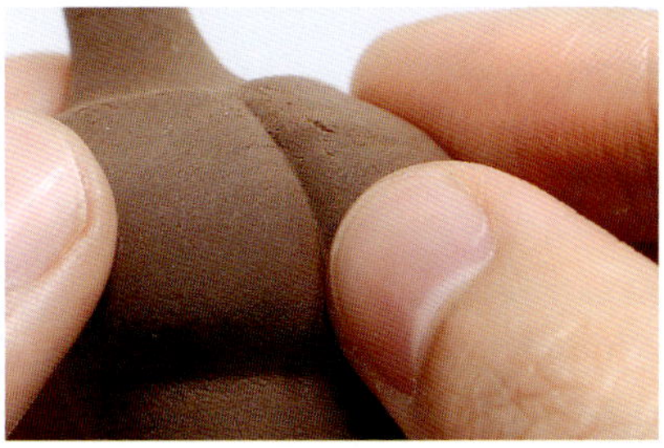

19.

沿压痕向外修饰胸形。

20.

上半身正面展示。

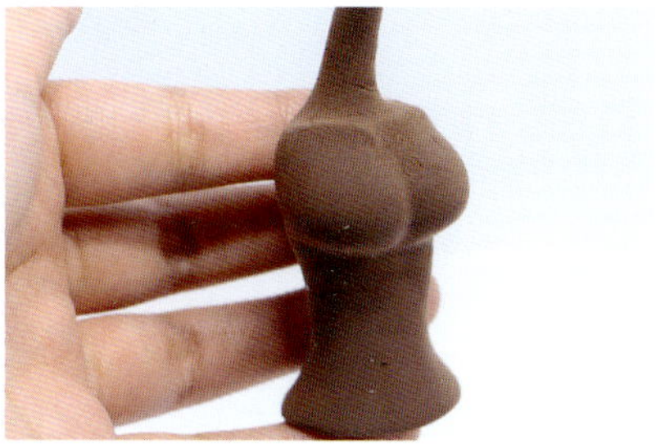

21.

上半身侧面展示。

女性胸部素体的制作

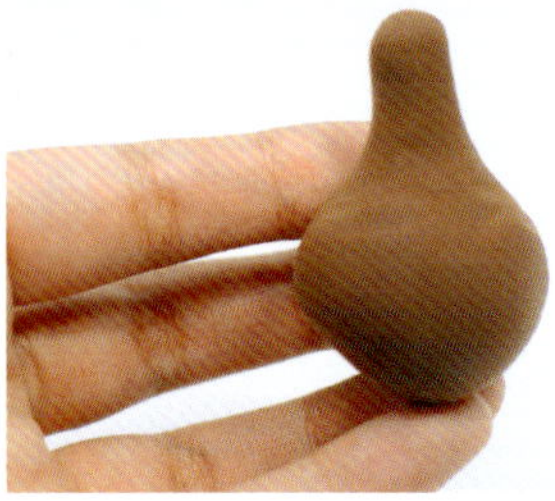

1.

用黏土捏出上身大致的形状。

2.

捏出脖子和肩膀。

3.

侧面展示。

4.

把底部捏成平面。

5.

正面展示。

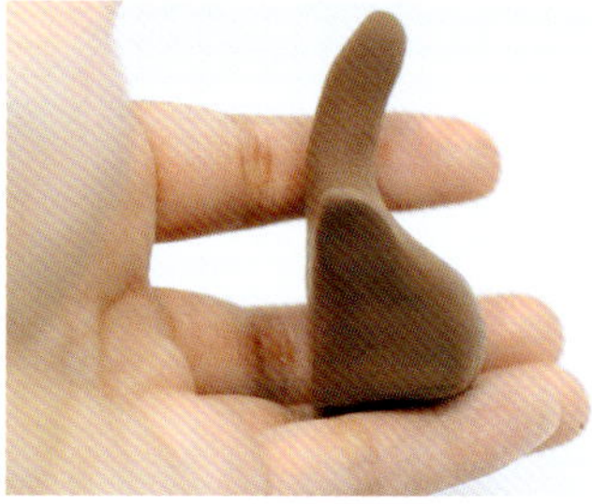

6.

侧面展示。

7.

用手指从肩部向内修饰胸形。

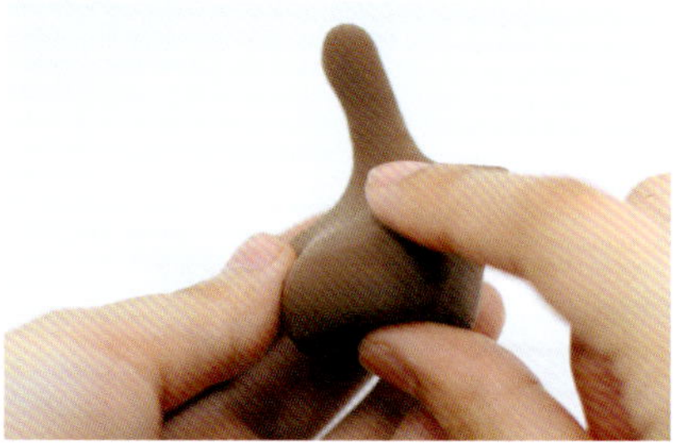

8.

修饰侧胸。

9.

胸部效果图。

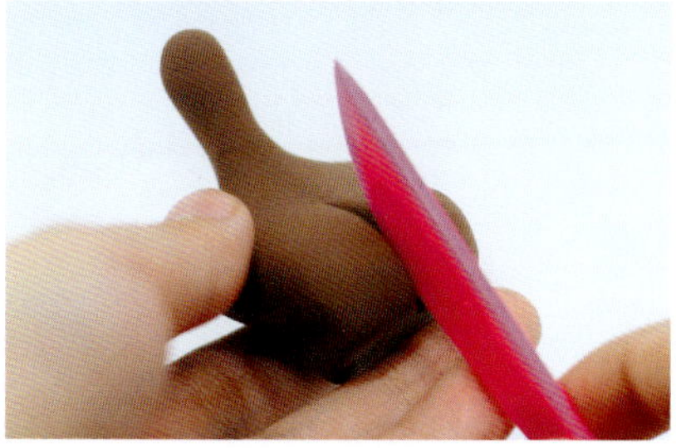

10.

用塑料刀压出乳沟。

11.

用拇指从刀痕处向外修饰胸形。

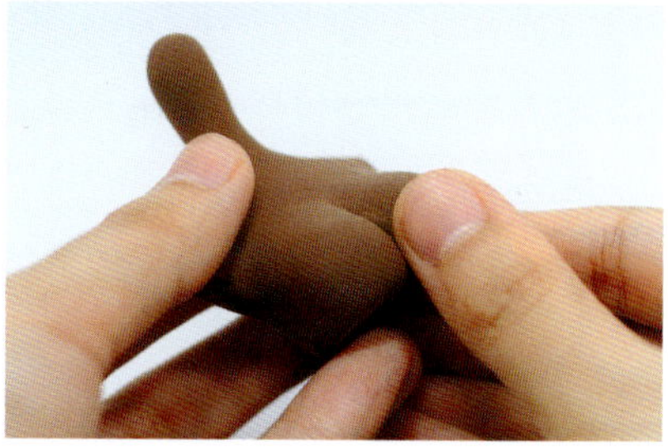

12.

线条要处理得圆润。

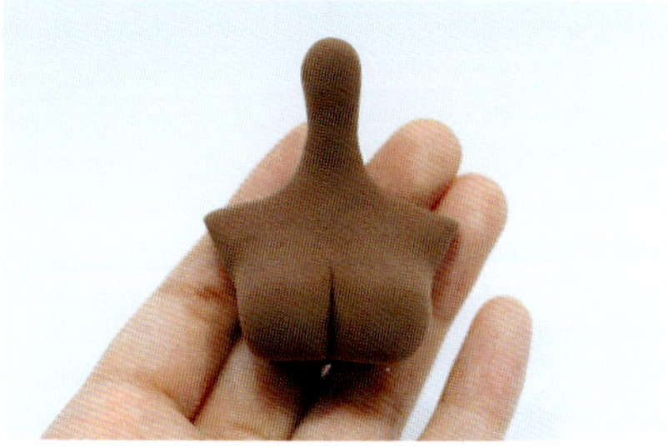

13.

正面展示。

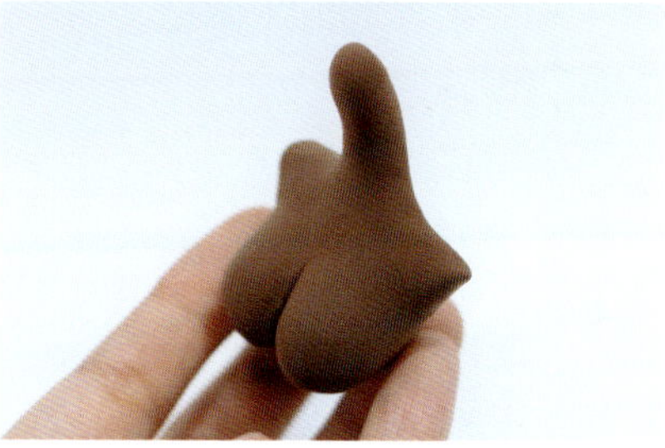

14.

侧面展示。

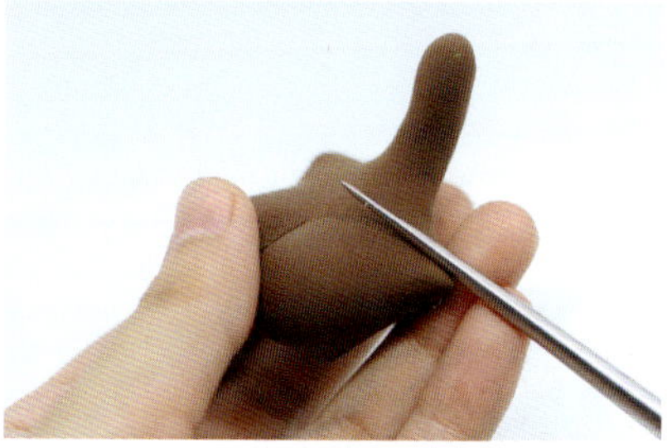

15.

用细节棒从肩部向下方压出锁骨的基本型。

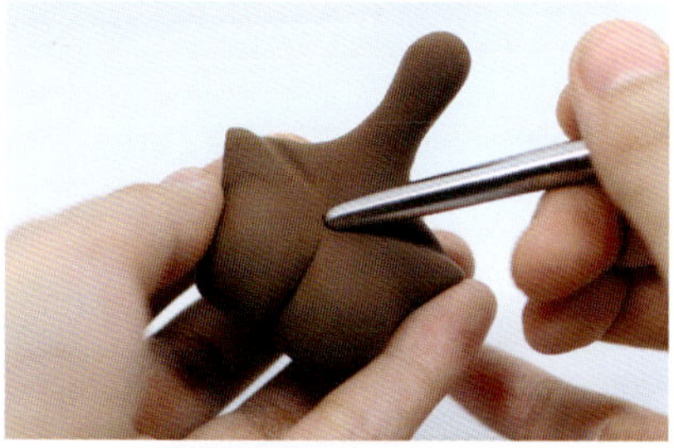

16.

处理锁骨细节。

17.

修饰好压痕两边的线条。

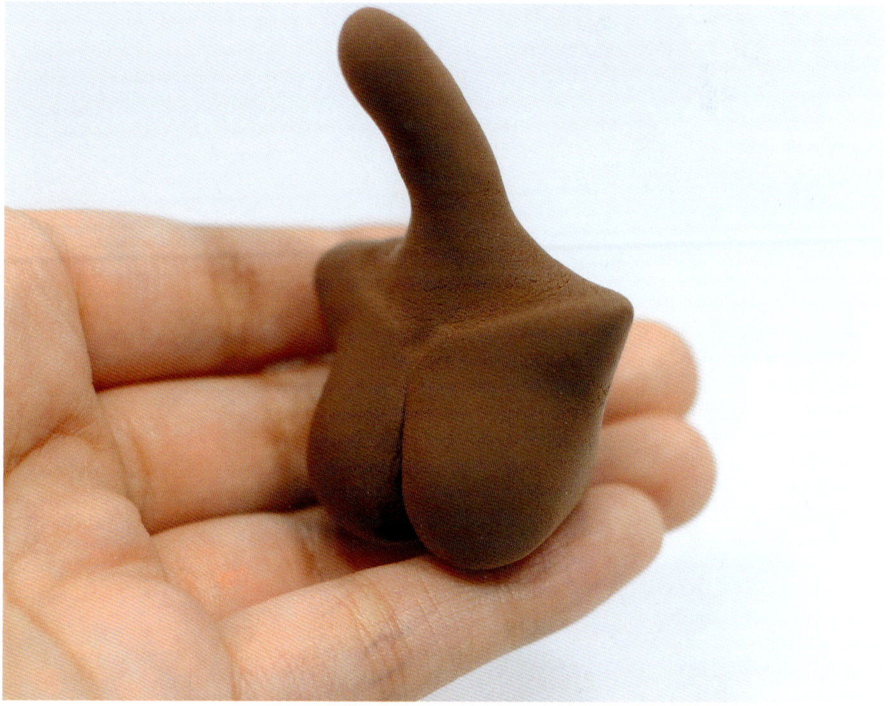

18.

胸部完成。

脚部制作

1.

用黏土搓一个圆球。

2.

捏出脚踝的位置。

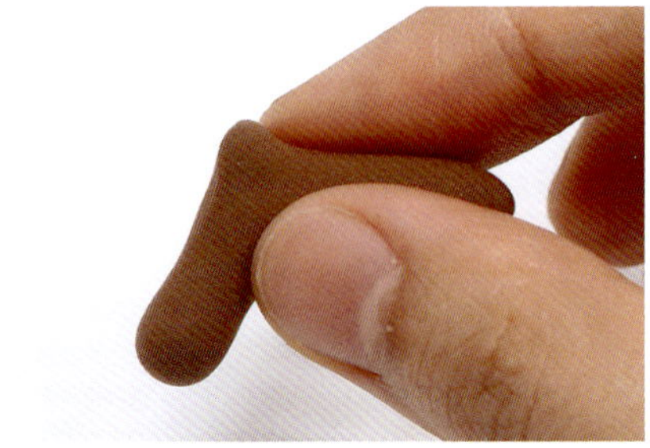

3.

再捏出脚掌。

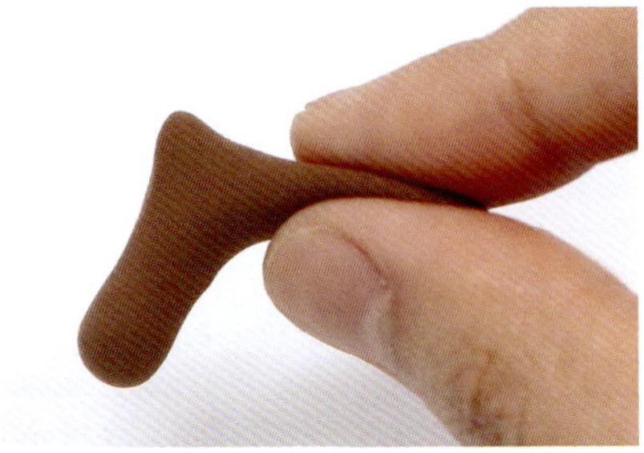

4.

用拇指和食指捏出脚部侧面的线条。

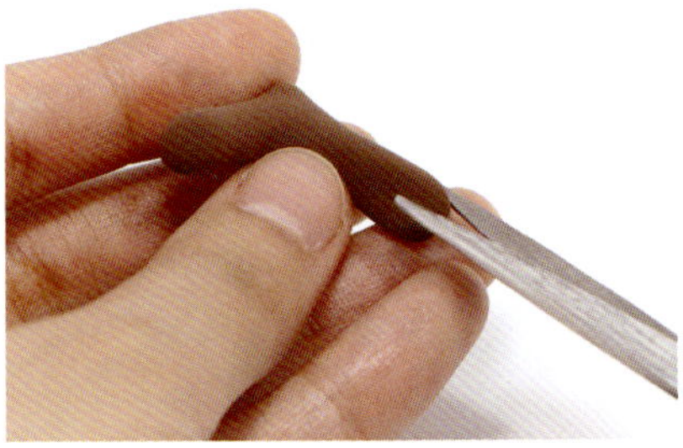

5.

用剪刀剪出五个脚趾。

6.

用塑料刀进一步细化脚趾缝隙。

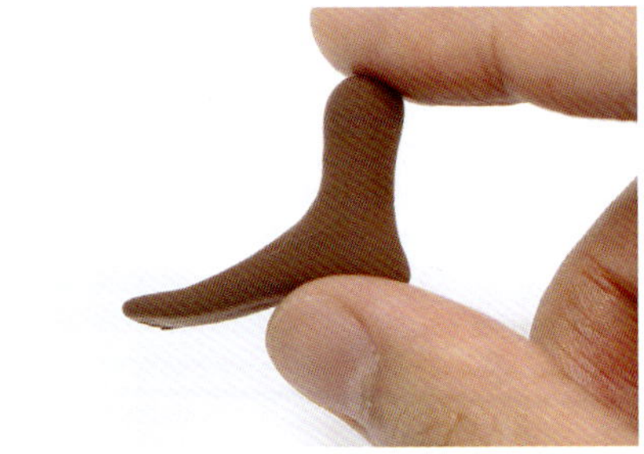

7.

用手指压出足弓。

8.

压出脚踝的曲线。

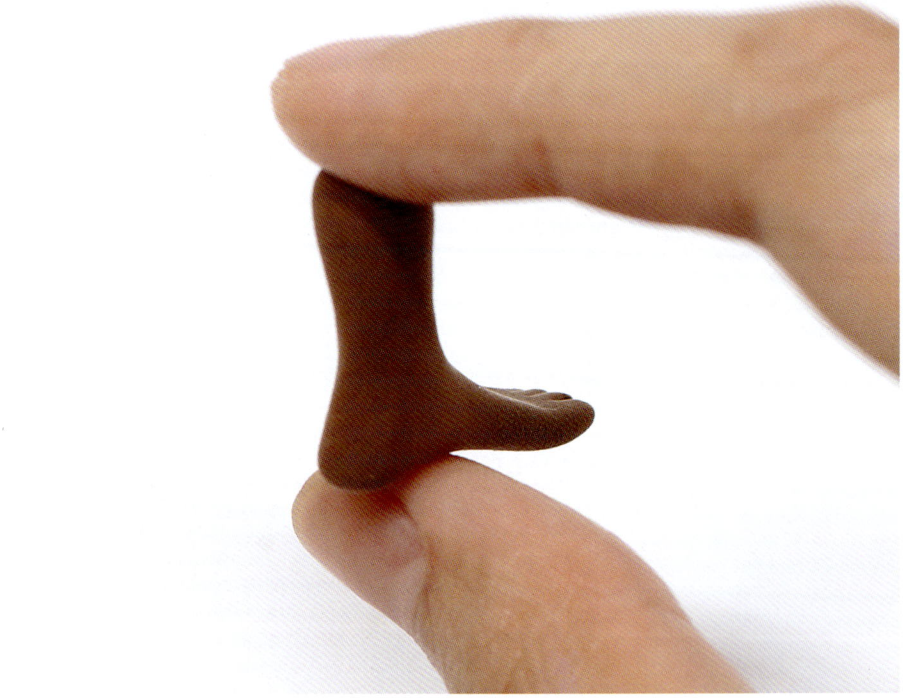

9.

脚部完成。

第三章　小兰

下半身的制作

1.

捏一个淡蓝色圆球。

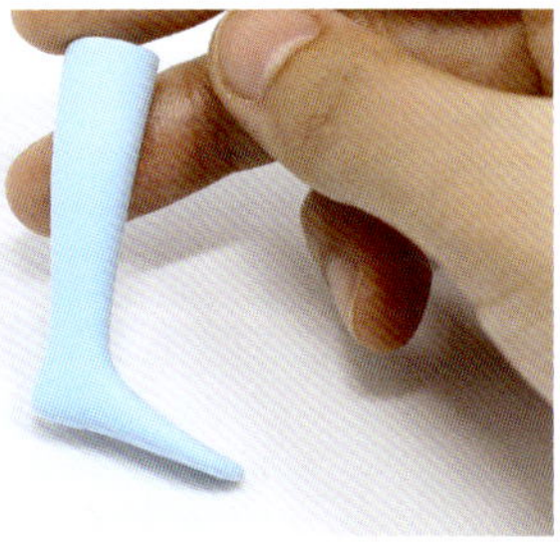

2.

做出脚的形状。

3.

将肤色黏土搓成圆柱体。

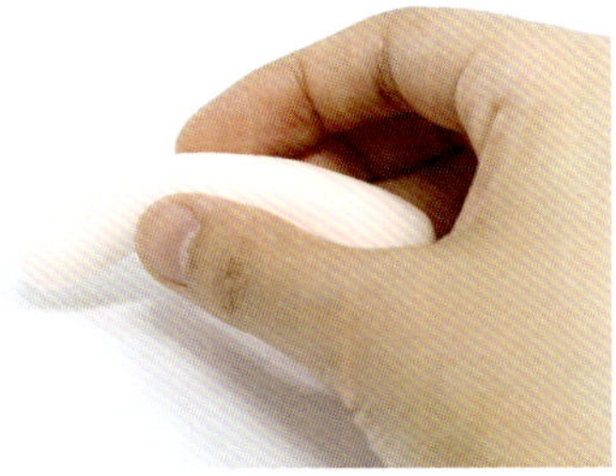

4.

将靠近较细一端的三分之一处略微捏弯曲。

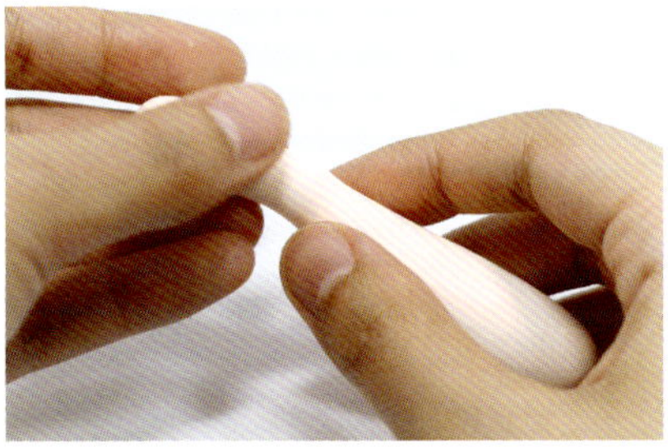

5.

调整小腿部分。

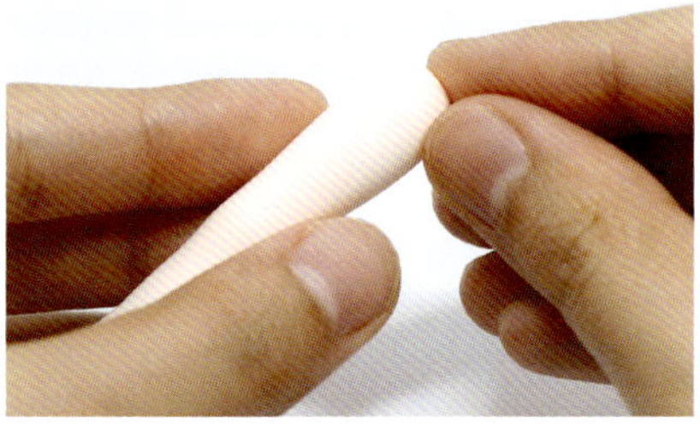

6.

小腿处因为要与脚连接，所以连接处需要做成平面。

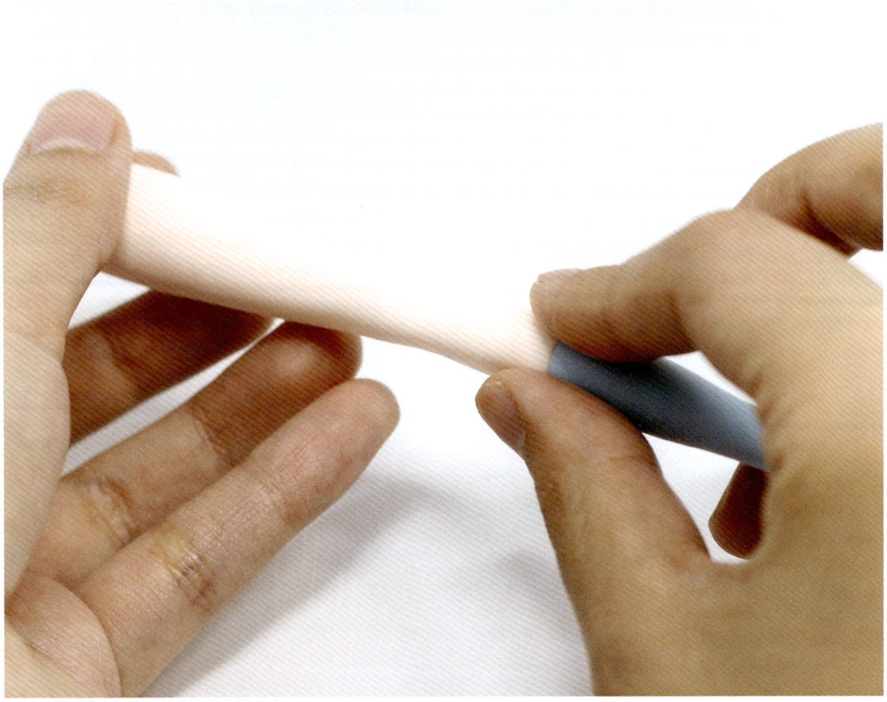

7.

将小腿与脚连接后轻轻调整连接处的形状。

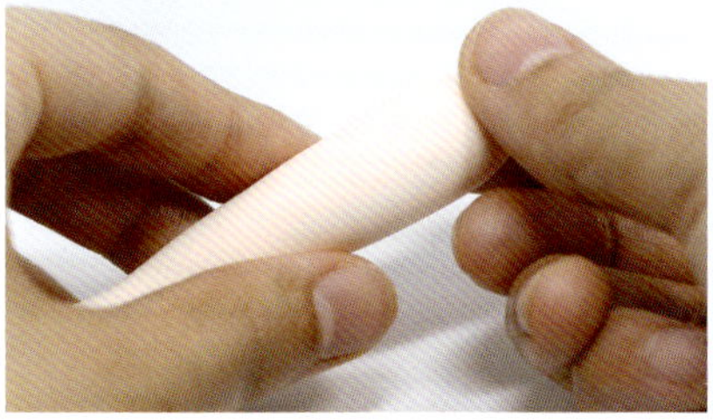

8.

在大腿根部做一个斜面。

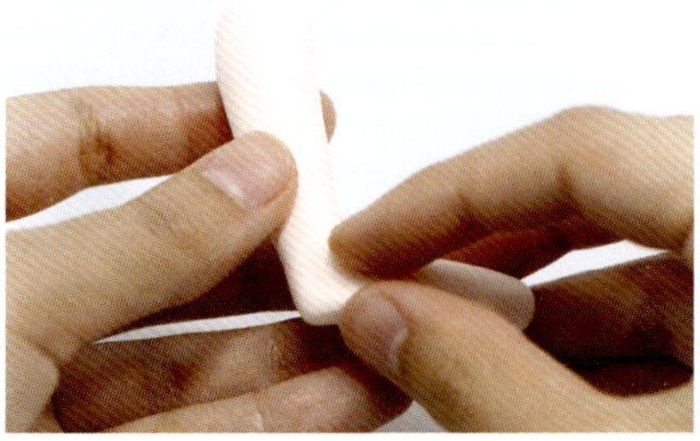

9.

做另一条弯着的腿，将腿弯折，做出腿部的曲线和膝盖。

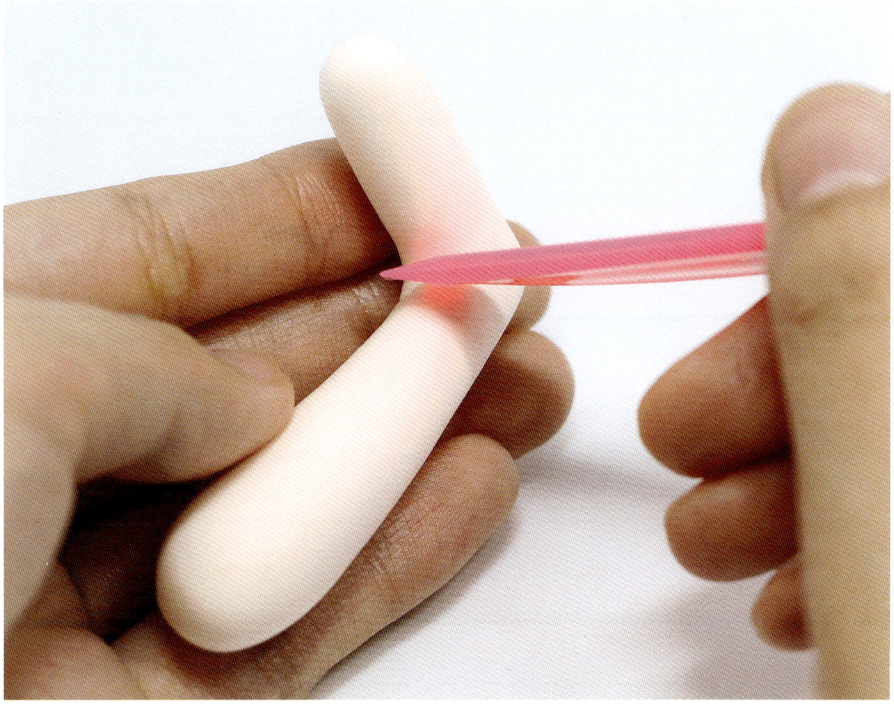

10.

用塑料刀压出折痕。

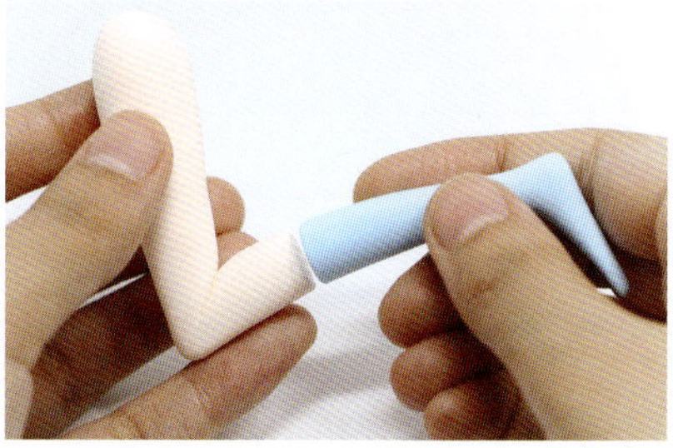

11.

将腿与脚连接起来，注意连接处要做成平面。

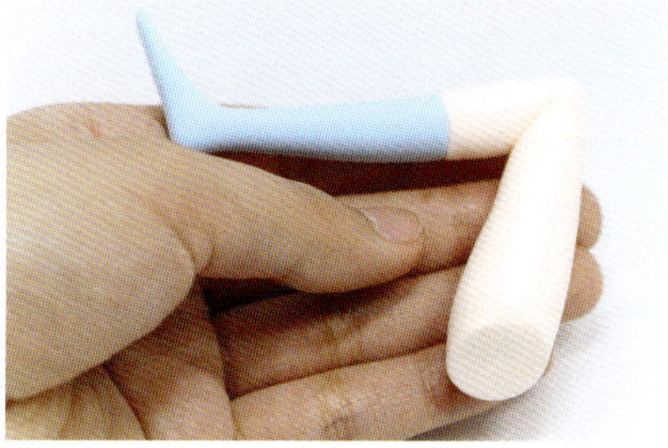

12.

做出大腿根部的斜面。

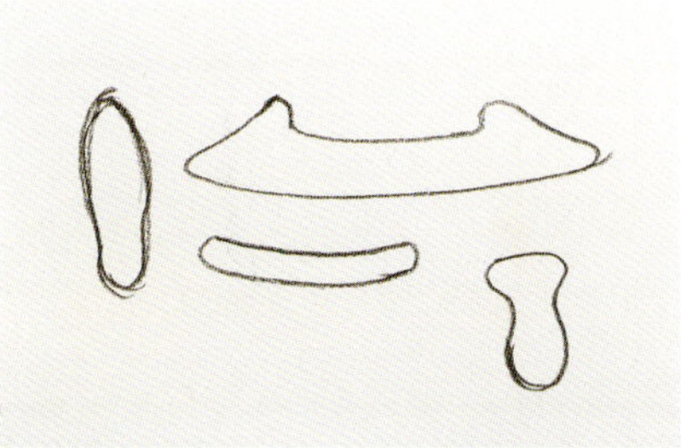

13.

鞋子各部件样图。

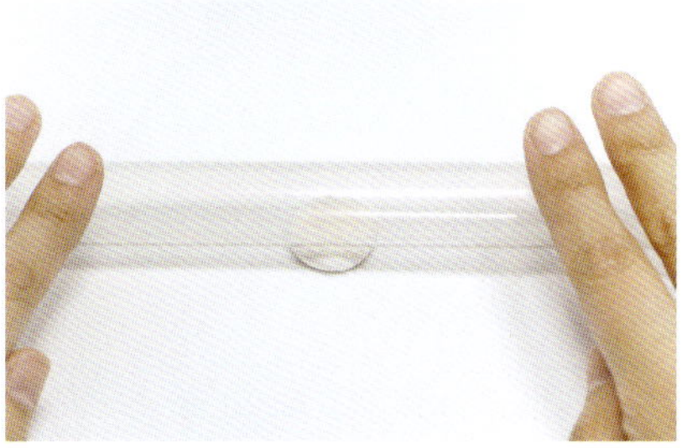

14.

把白色黏土擀成薄片。

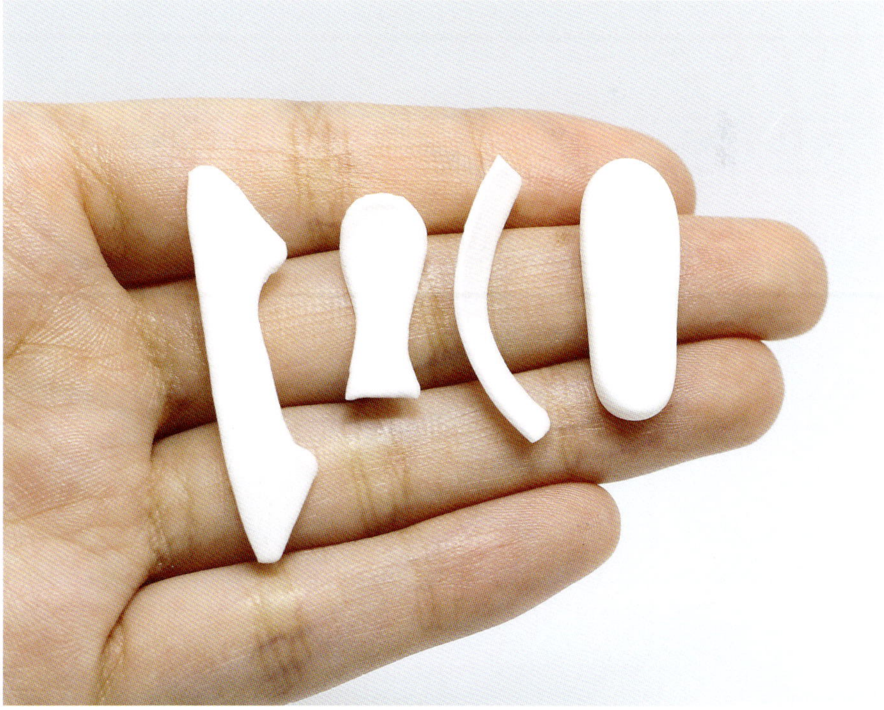

15.

根据样图修剪出各部件。

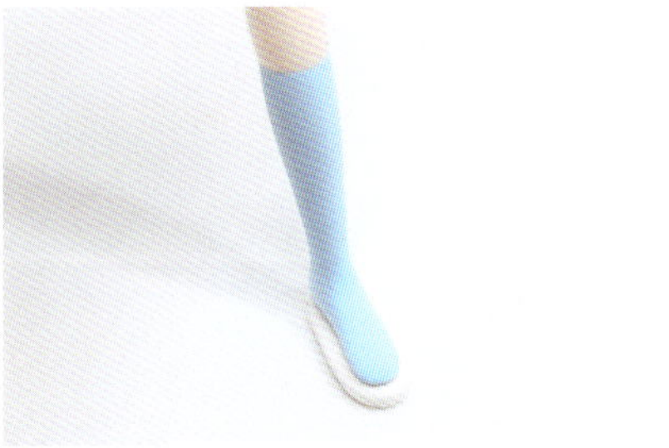

16.

做一个椭圆形白色鞋底，边缘略超出脚底。

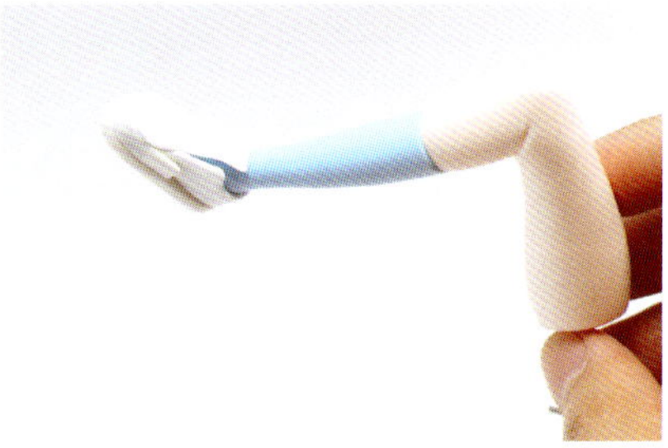

17.

从下往上将做好的部件依次进行组装。

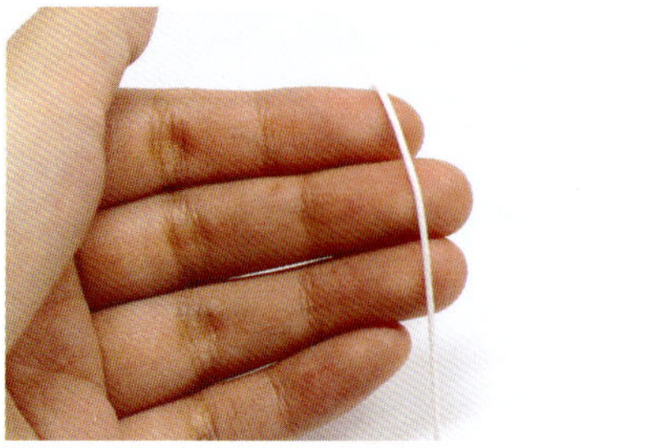

18.

搓一根白色细条，做鞋带。

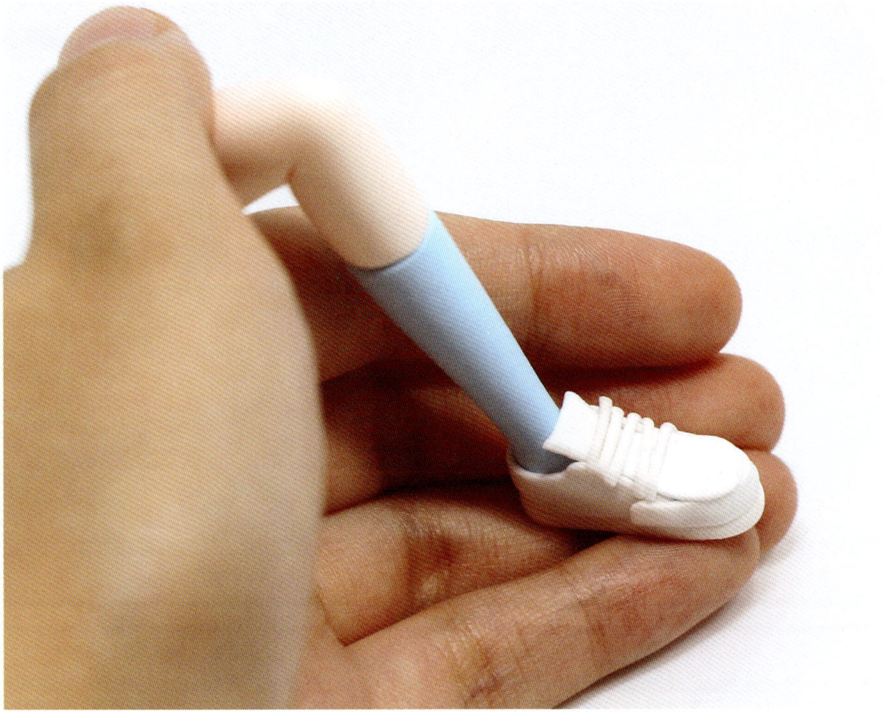

19.

鞋的完成图。

20.

用白色黏土做出内裤的形状。

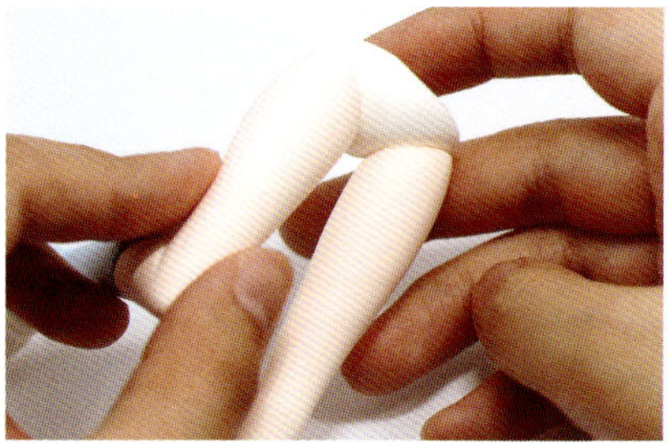

21.

把腿与内裤进行连接。

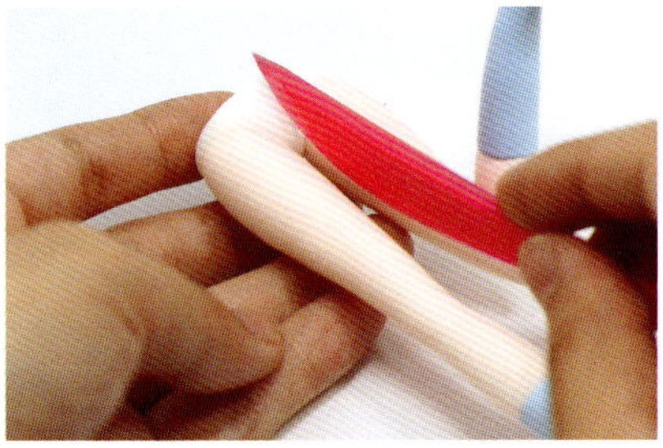

22.

用塑料刀压出内裤的边缘。

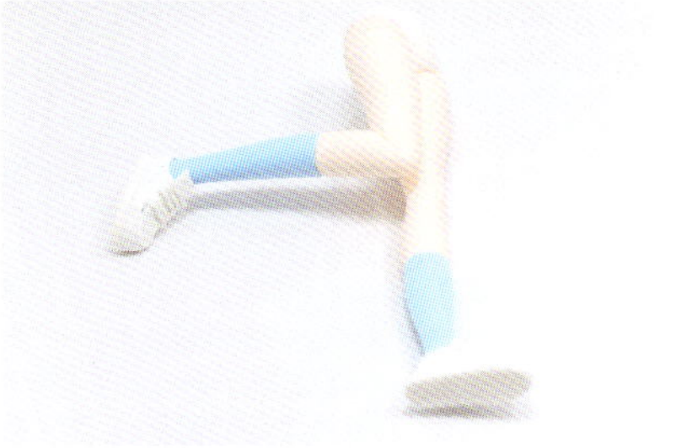

23.

腿部制作完成。

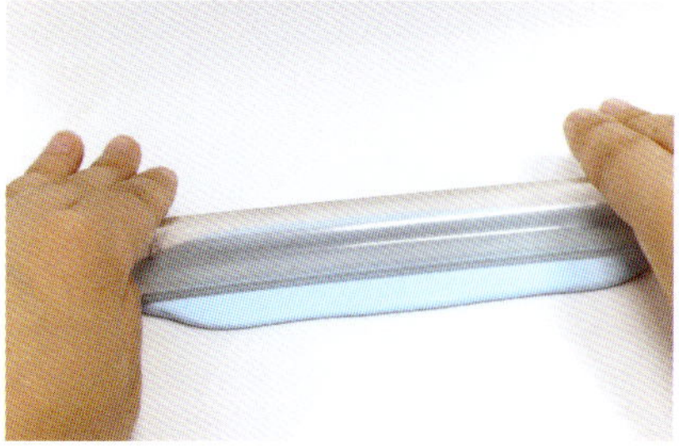

24.

将淡蓝色黏土擀成薄片。

25.
用剪刀进行剪裁。

26.
剪出一些大小相同的梯形。

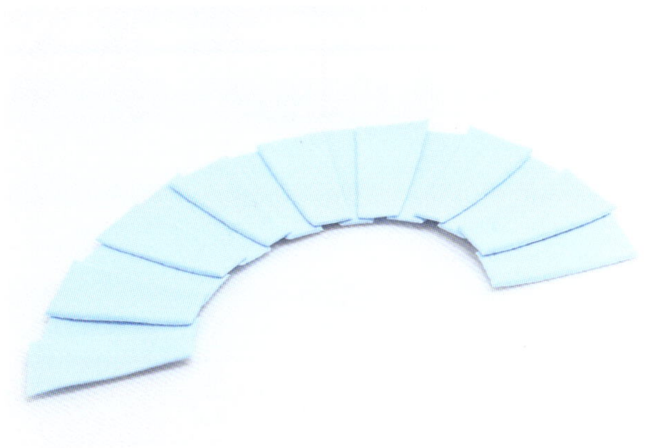

27.
然后进行连接，拼成扇形。

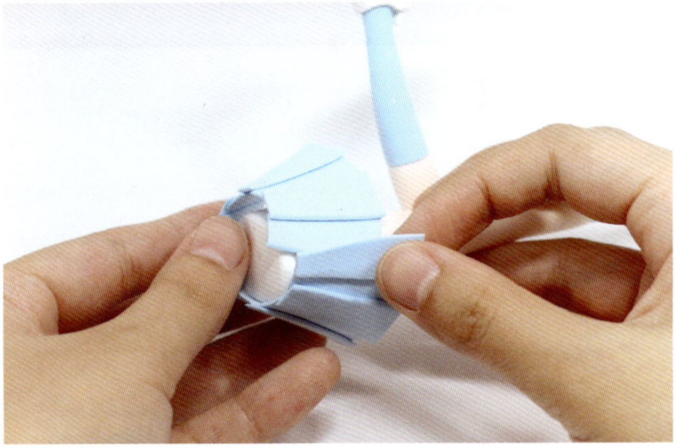

28.
再把扇形环绕贴在内裤外部。

29.
下半身制作完成。

上半身及挎包的制作

1.

捏一个白色圆球。

2.

做出上半身的形状。

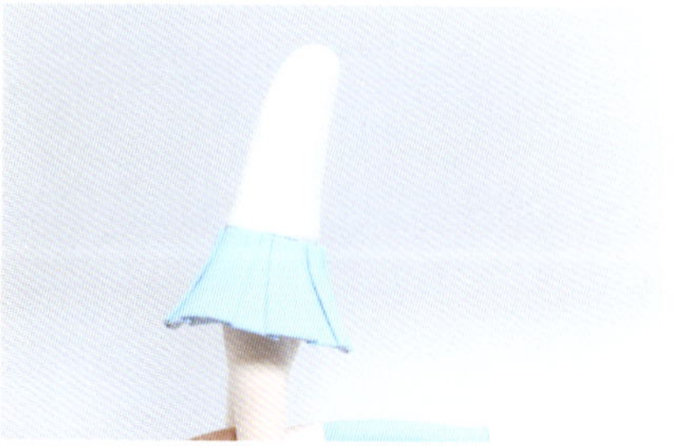

3.

把上半身与做好的下半身连接起来，注意身体的弯曲度。

4.

做一个咖啡色长方形薄片，把它修剪成扇形。

5.

如图所示用扇形包裹上半身。注意要等表面干后再粘贴。

6.

用剪刀剪掉多余的部分。

7.

大致形状完成。

8.

小心取下扇形。

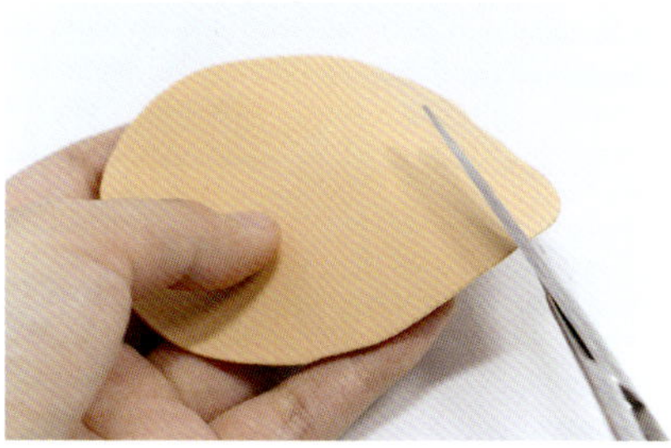

9.

把浅土黄色黏土擀成薄片并裁剪。

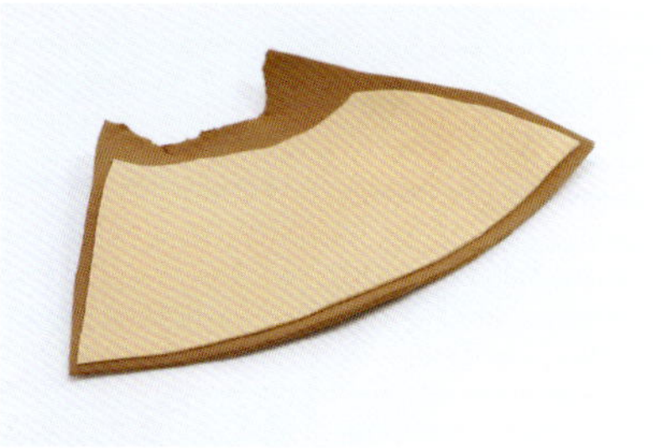

10.

把它贴在咖啡色扇形的内侧，注意要小于咖啡色扇形。

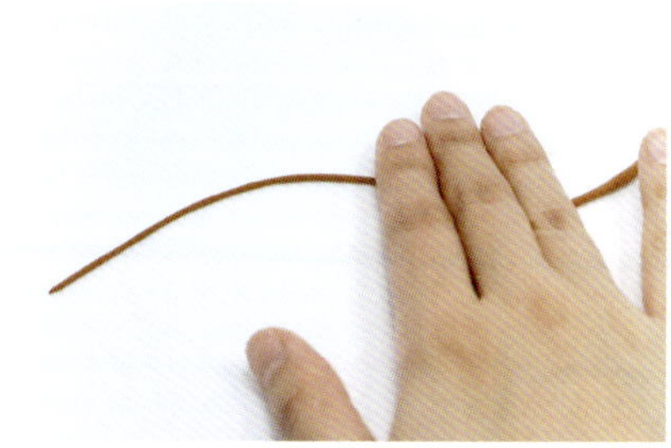

11.

搓一根细条。

12.

把细条贴在咖啡色扇形的边缘。

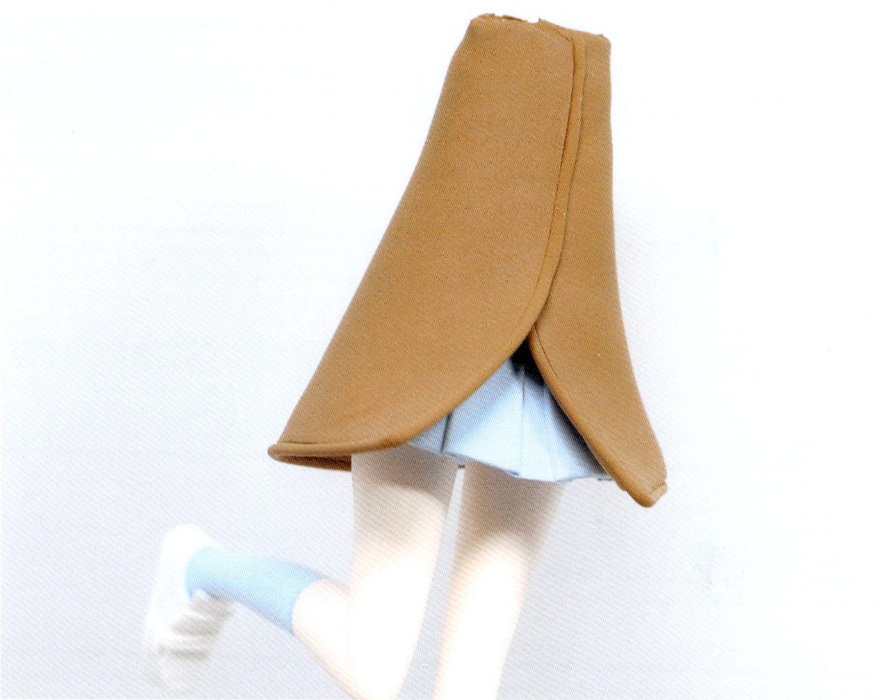

13.

再把扇形包裹在上半身上，做成衣身。

14.

搓两个圆柱。

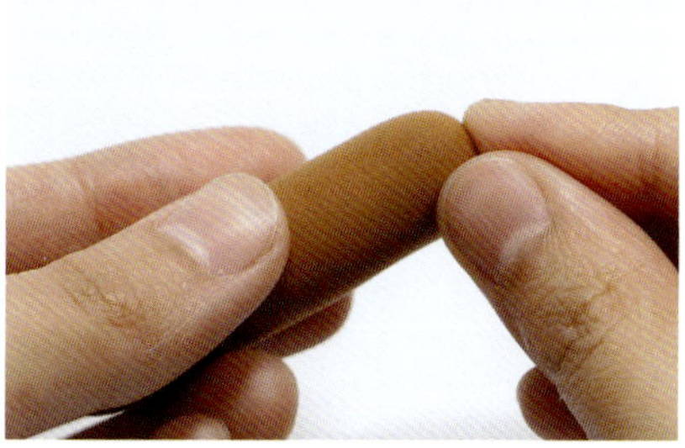

15.

用手指捏出袖口边缘。

16.

袖口呈碗状。

17.
用手指捏出连接斜面。

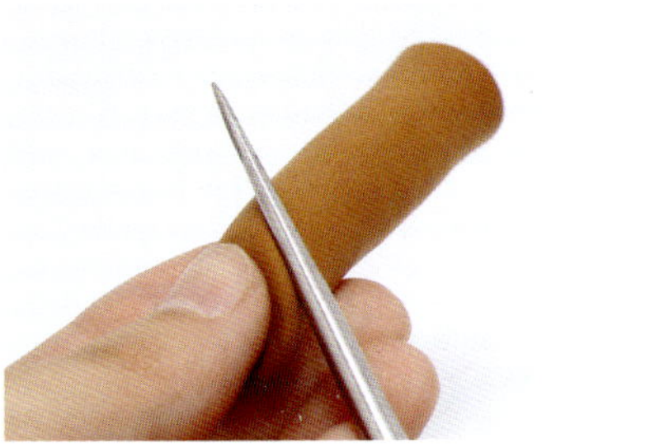

18.
用细节棒压出衣褶。

19.
如图装在衣身上，做成衣袖。

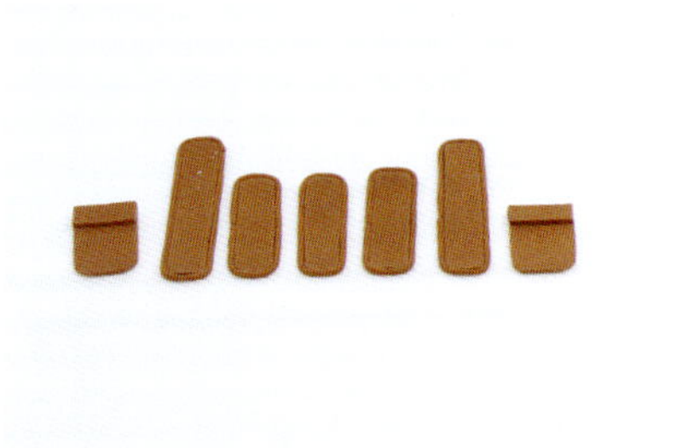

20.
用剪刀修剪出衣服上的装饰泥片。

21.
把泥片贴到衣服相应位置上。

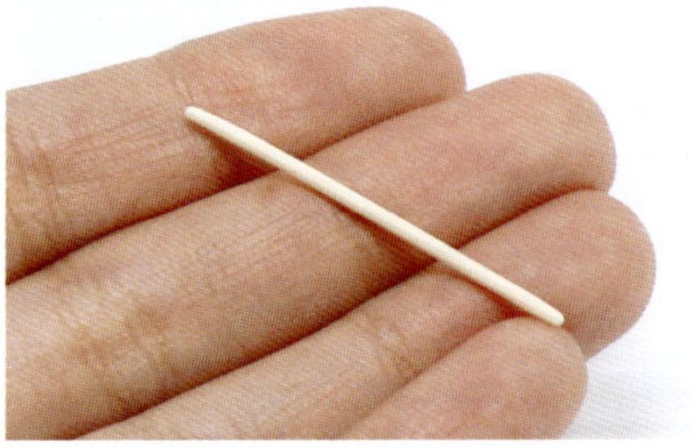

22.
用浅驼色黏土搓八根细长条。

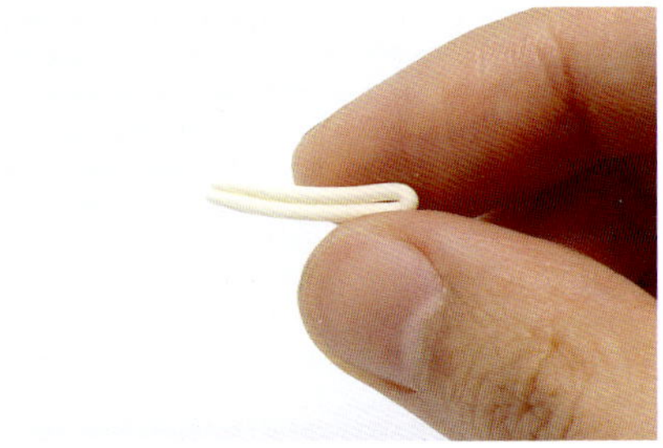

23.
把其中四根细长条对折起来。

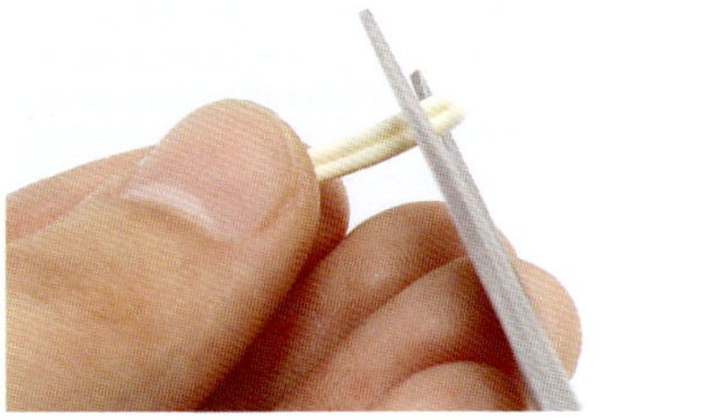

24.
用剪刀裁剪。

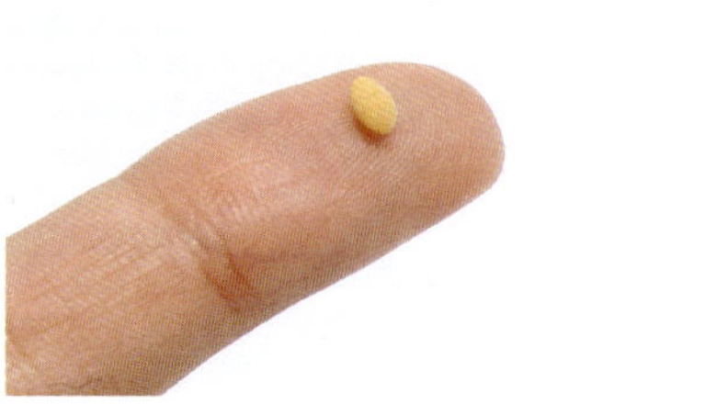

25.
捏四个小椭圆，压扁，做成扣子。

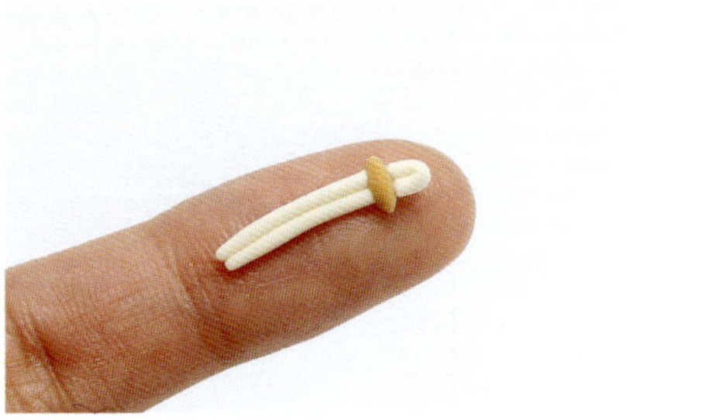

26.

把它们分别连接到刚才修剪好的细长条上。

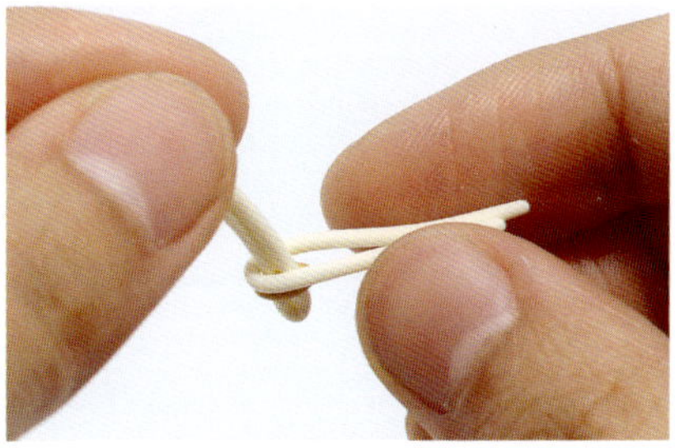

27.

将另外四根细长条分别紧贴扣子上方绕过来，如图对折。

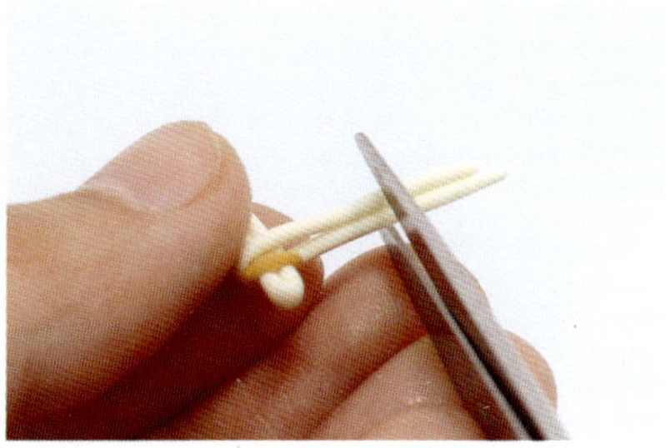

28.

用剪刀剪掉多余的部分。

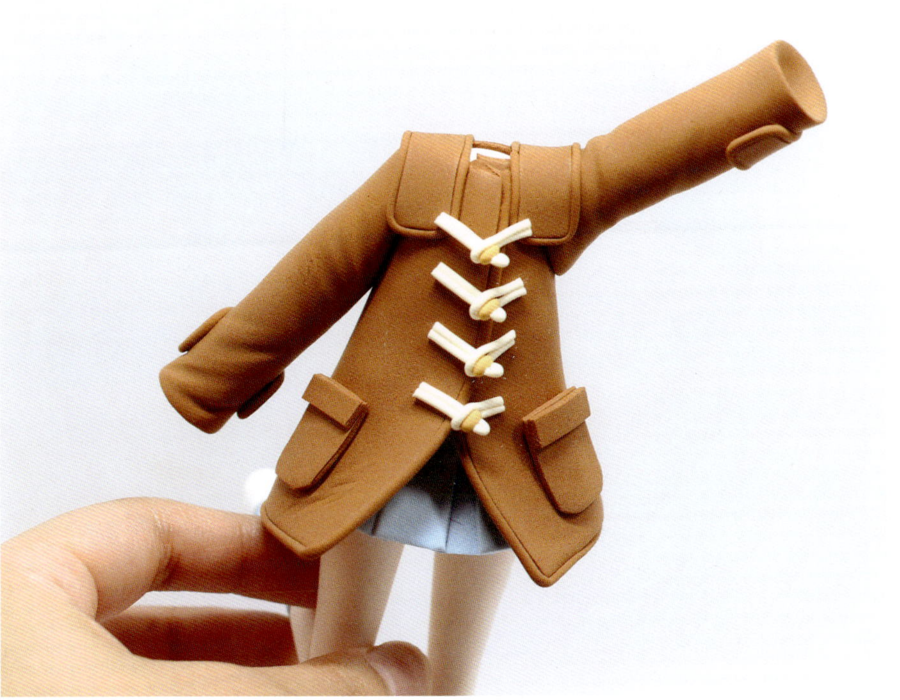

29.

如图把它们粘到相应的位置。

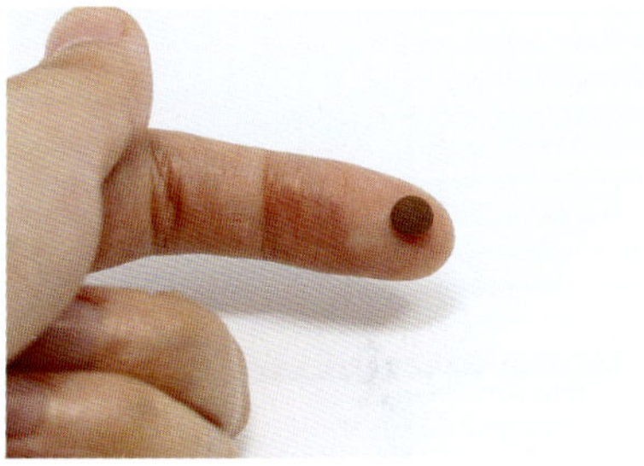

30.

捏四个小圆形，压扁。

31.

把它们剪成两半。

32.

分别粘在细条两端。

33.

做出脖子的形状并粘好。

34.

捏一个两头略尖的月牙形。

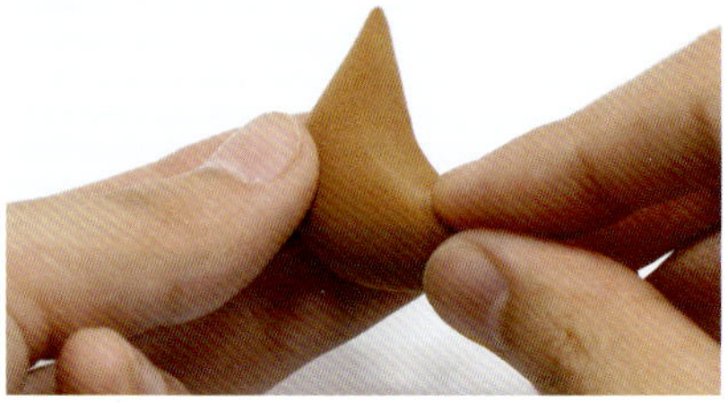

35.
用手指捏出内凹的碗面。

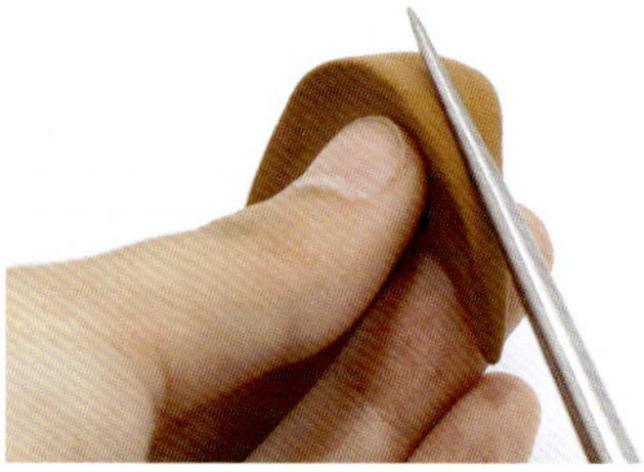

36.
外侧用细节棒压出褶皱。

37.
做出有褶子的帽子。

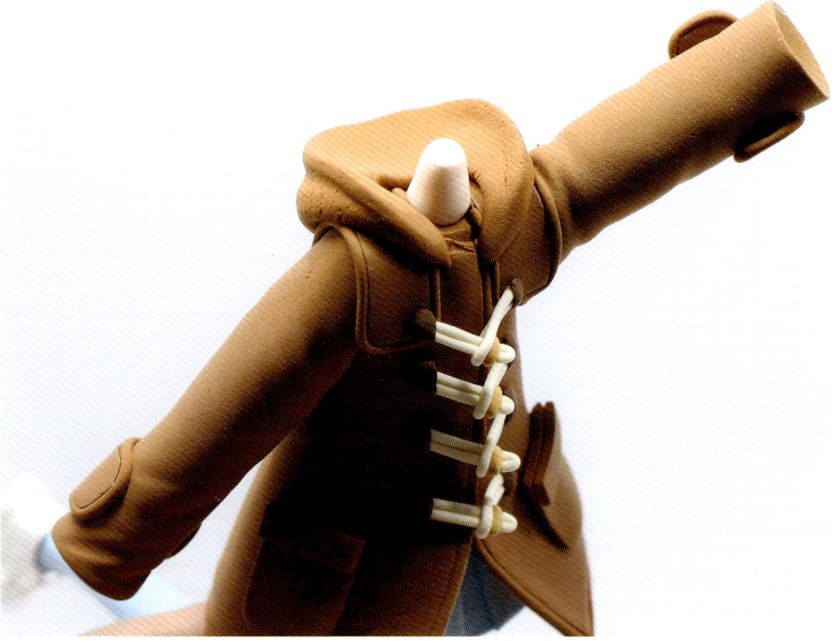

38.
把帽子粘到相应位置。

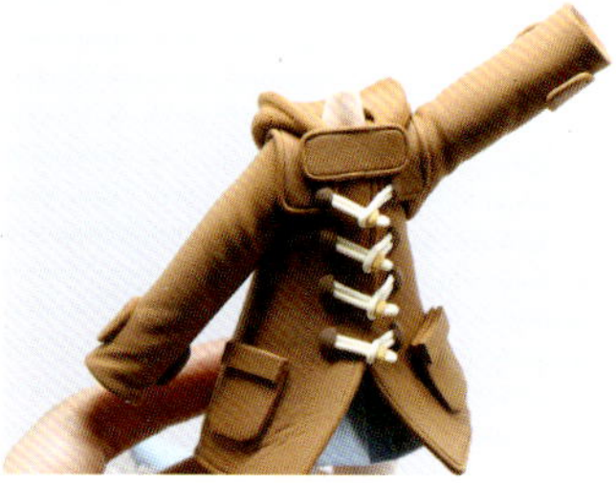

39.
粘贴领口处的泥片。

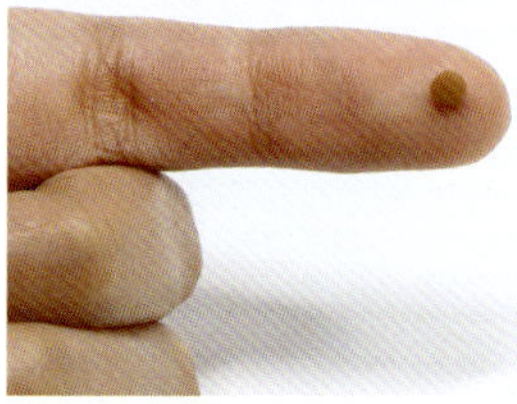

40.
搓八个小圆球。

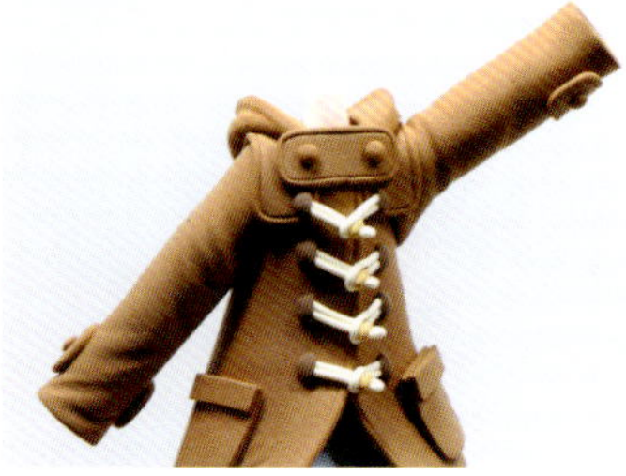

41.
把小圆球分别粘在领口、袖口、后腰的泥片上。

42.
背面展示。

43.
将深蓝色黏土捏成扁长方体。

44.

用塑料刀压痕。

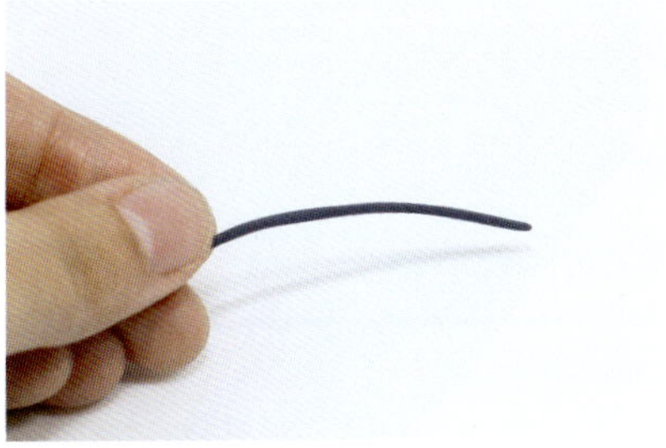

45.

搓一根细条。

46.

如图，将长方体上下面用细条包边。

47.

擀一张薄片。

48.

用剪刀裁剪成长方形。

49.

用泥条包边。

50.

如图把它半裹在长方体上。

51.

捏两个小长方形，做成包带。

52.

如图所示，做出提手的形状。

53.

粘上提手。

54.

捏两个白色圆球。

55.

把它们搓成长条，压扁（注意应为一边厚一边薄）。

56.

把它们分别卷起来。

57.

用塑料刀压上褶子。

58.

再把两个卷连接在一起。

59.

搓一根长条并压扁。

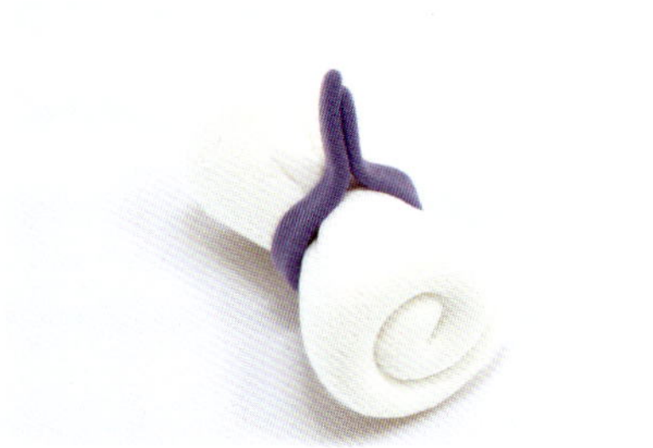

60.

把长条捆在连接处。

61.

再搓一根长条压扁，在上一根长条的连接处绕一圈。

62.

用剪刀剪掉多余部分。

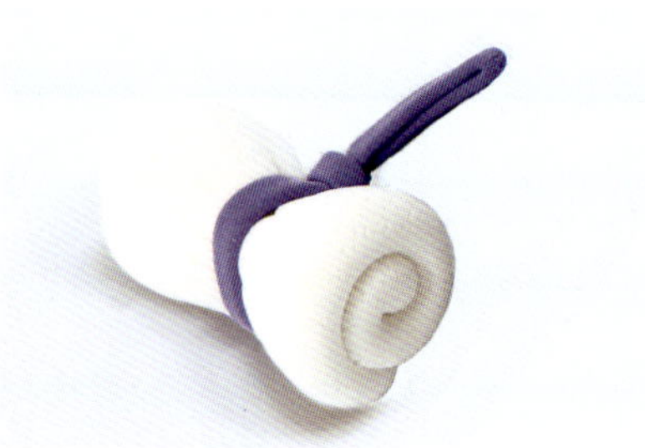

63.

做一条挂绳并粘到相应位置上。

64.

把它与包连接起来。

65.

捏一个肉色圆球。

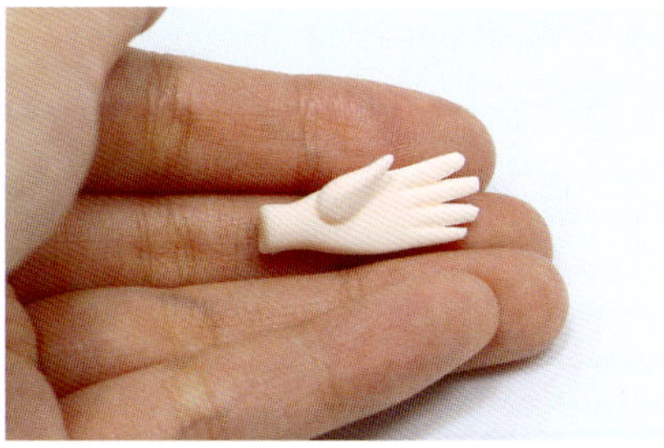

66.

按照前面分步教程里的方法做出左手。

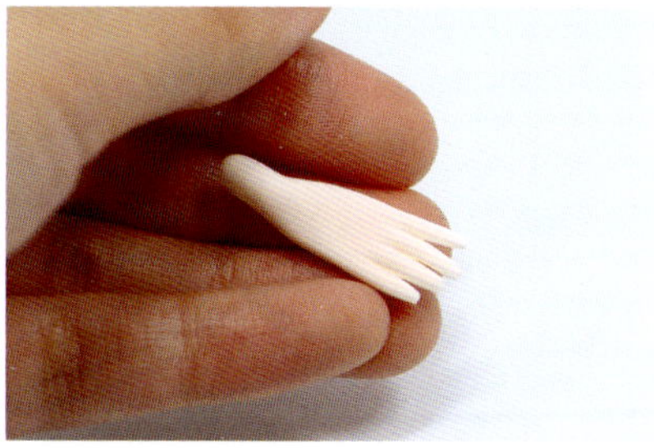

67.

再做出右手，此时先不要贴大拇指。

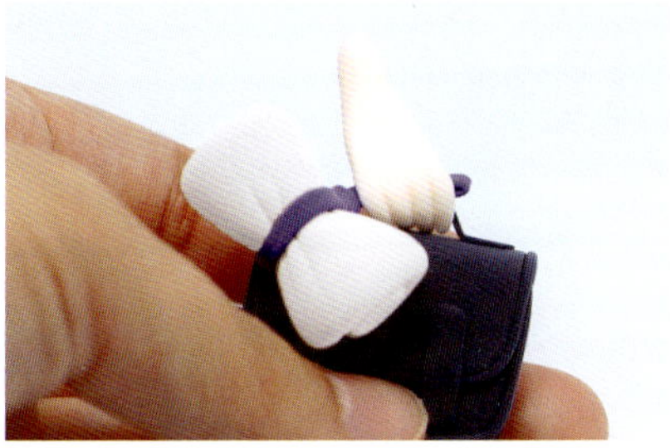

68.

把右手与包的提手相连接。

69.

如图粘上大拇指。

70.

把左、右手与袖子连接起来。

头部的制作

1.

在纸上绘制草图。

2.

做出脸部，待彻底风干后，用铅笔在脸上画出五官的大致轮廓。

3.

用黑色丙烯颜料描边。

4.

将眼球下方涂上蓝色 。

5.

用白色丙烯颜料画出眼白和眼球的高光区。

6.

画出嘴巴的轮廓。

7.

画出细节，脸部完成。

8.

把黑色黏土贴在脸的后面，做成后脑勺。

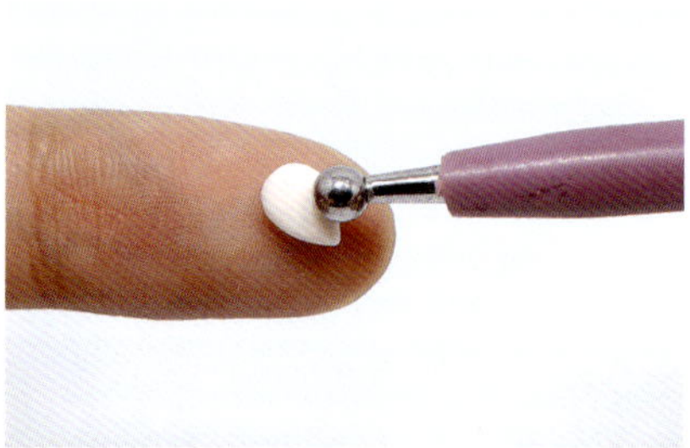

9.

用肤色黏土做出耳朵，用丸棒压出耳蜗。

10.

装上耳朵。

11.

在两侧耳朵上分别贴上两根黑色细条。

12.

把头和身体连接起来。

13.

做一个纺锤形发片。

14.

把它的顶部弯折。

15.

粘在额头处。

16.

做出几缕刘海儿，如图，从中间向两边依次粘上。

17.

刘海儿制作完成。

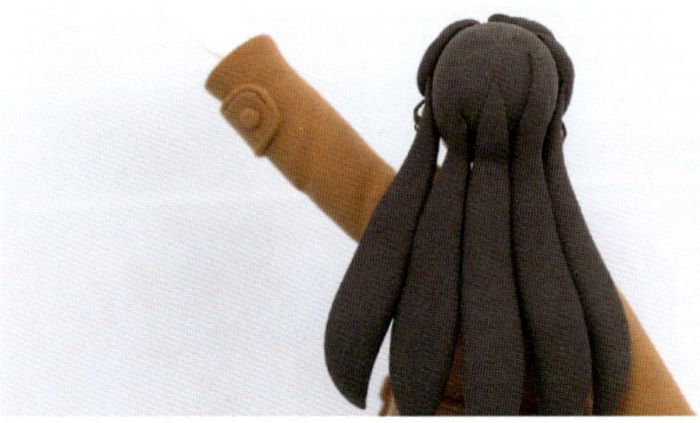

18.

如图做出第一层头发。

19.

如图做出第二层头发。

20.

头发正面效果。

21.

做出头上的髻。

22.

把髻粘在头发上，头部组装完成。

底座及场景的制作

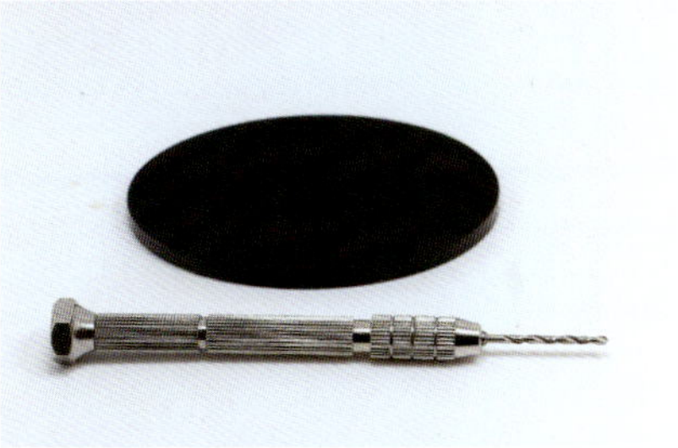

1.

准备亚克力底座和手钻。

2.

用手钻在亚克力底座上打孔。

3.

将浅蓝色黏土擀成大于底座的圆片。

4.

用圆片包裹底座，并剪掉多余部分 。

5.

把雪花泥擀成薄片，并裁剪。

6.

如图把它粘在底座上。

7.

用雪花泥捏大小两个球，做成雪人的身体。

8.

按图示做出雪人的其他部位。

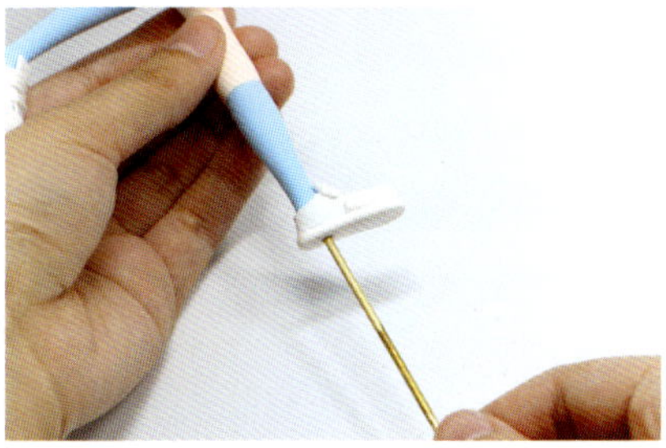

9.

把铜桩小心地从脚底旋转插入（做此步骤前要确认作品已经风干）。

10.

用钳子把铜桩另一端插入打好的孔中。

11.

组装完成。

第四章　小叽

腿部及南瓜裤的制作

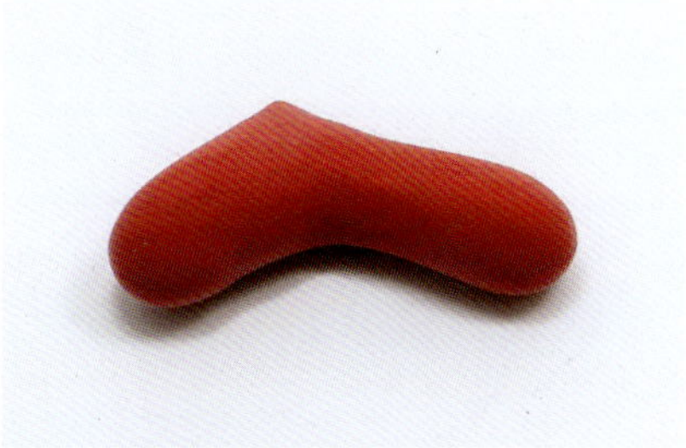

1.

捏出靴子形状。

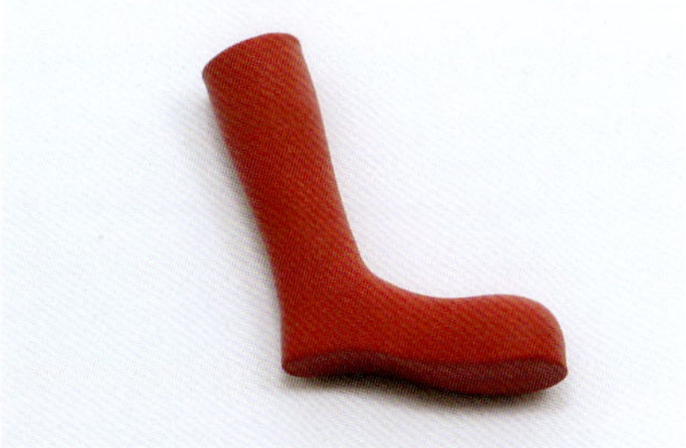

2.

用手指掐出靴底边缘。

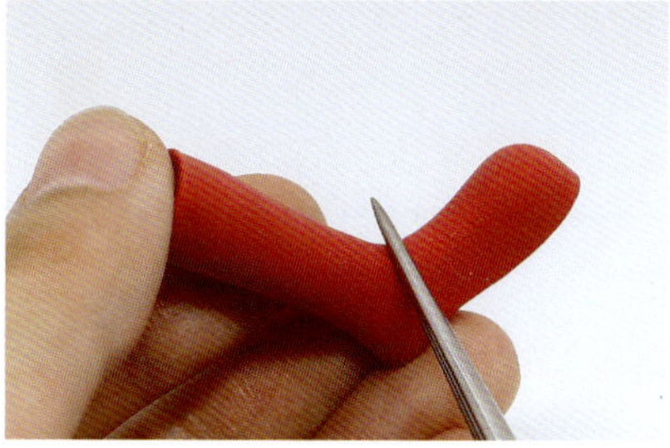

3.

用细节棒压出褶皱。

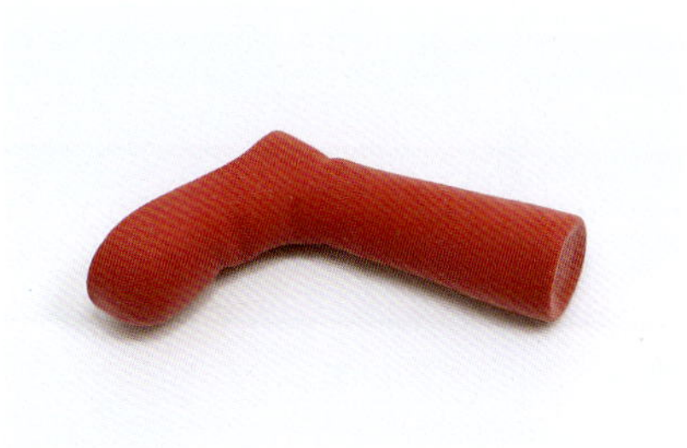

4.

褶皱完成。

5.

捏一个椭圆形，并压扁，注意大小与鞋底相同。

6.

把它粘贴在鞋底。

7.

用少量红色黏土搓一个一端大一端小的圆柱。

8.

做成鞋跟的形状。

9.

再大致捏一个方形。

10.

用手指捏成梯形，做成鞋子的水台。

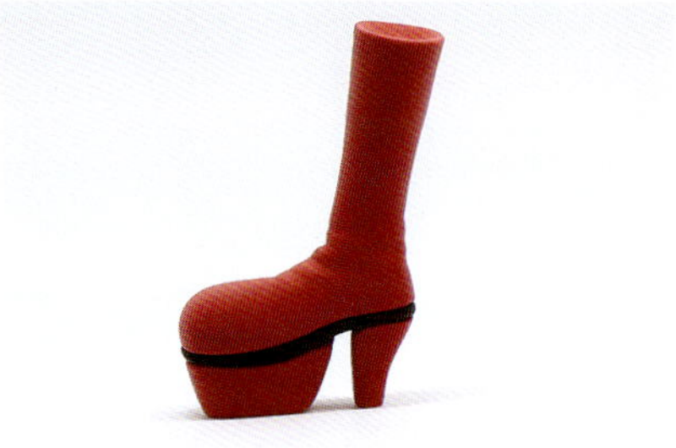

11.

把鞋跟、水台粘到相应位置，靴子组装完成。

12.

搓一个白色圆球。

13.

将它的一面捏成平面。

14.

在圆的那头用细节棒压一圈褶子。

15.

褶子效果如图。

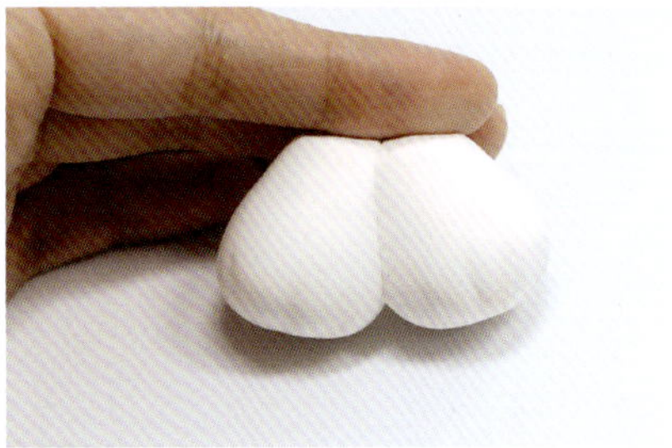

16.

再做出一个同样的造型，将两个造型如图粘在一起。

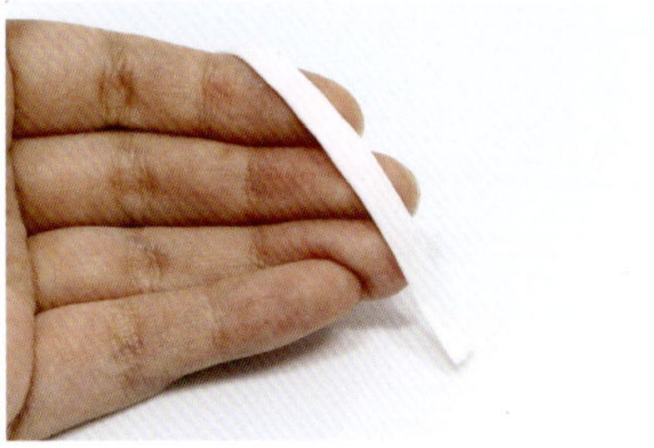

17.

搓两根白色长条，并压扁。

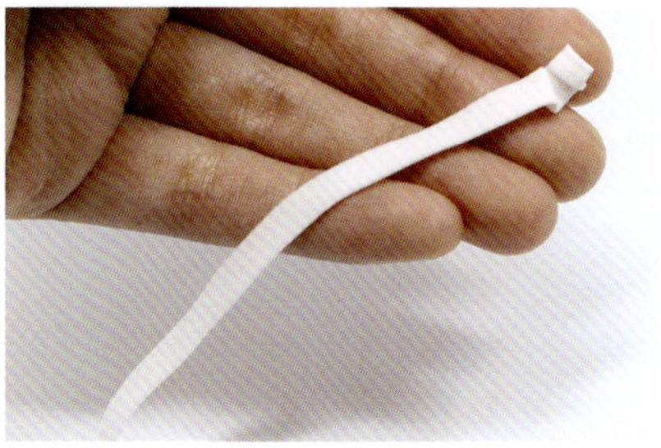

18.

将长条来回翻折。（这是做花边的一个基础手法，后面还会反复用到。）

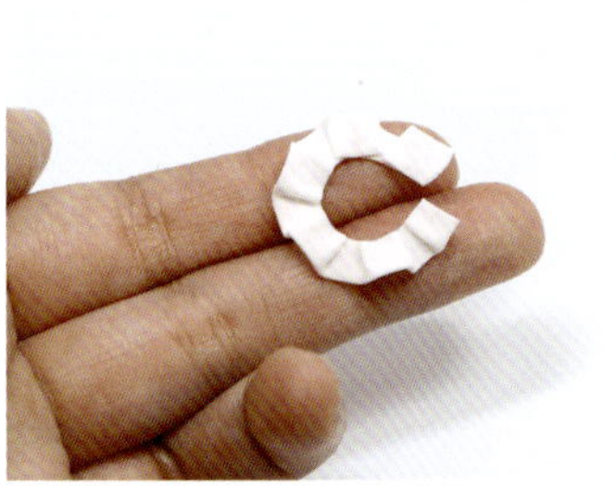

19.

做成花边。

20.

如图将花边粘上。

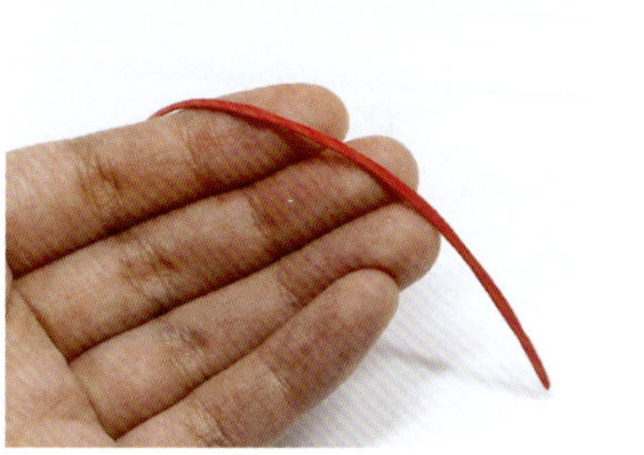

21.

搓一根红色细条。

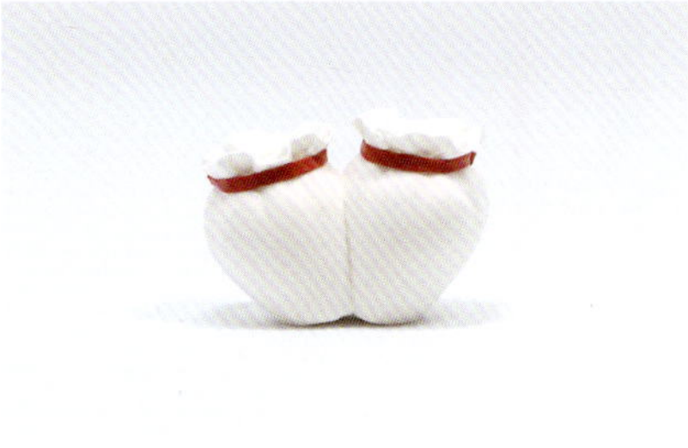

22.

把细条分为两半，分别粘在花边与南瓜裤的连接处。

23.

搓一根细条，并剪成五段，将其中两段稍长的捏成圈。

24.

把两个圈粘贴在一起。

25.
用另一段细条包裹连接处。

26.
将剩下的两段细条贴在下面，做成蝴蝶结。

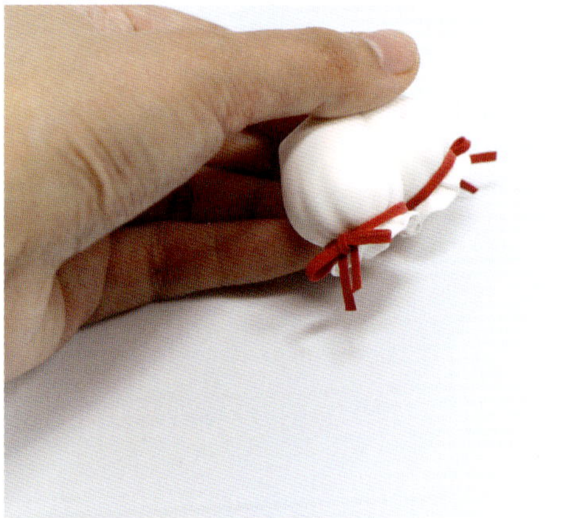

27.
同样的方法再做出一个蝴蝶结，分别粘在南瓜裤两侧。

28.
捏一个肉色圆柱。

29.
捏出腿的大致形状。

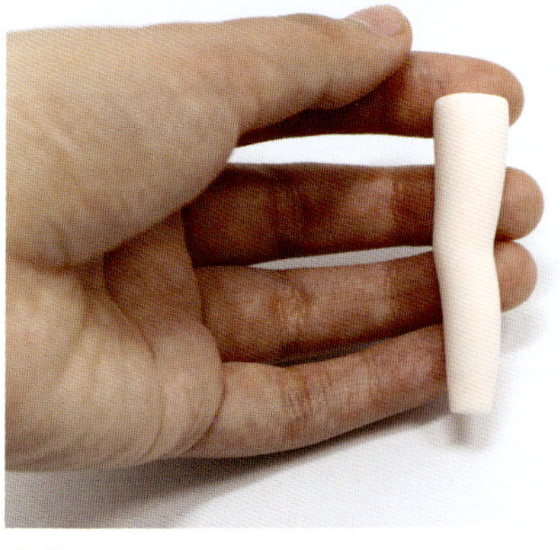

30.
用手指在腿的两端压出两个平面。

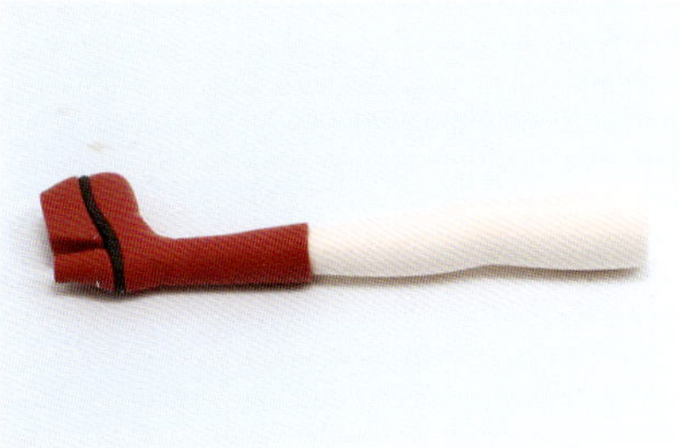

31.
把腿和靴子连接起来。

32.
捏一个红色长条并压扁。

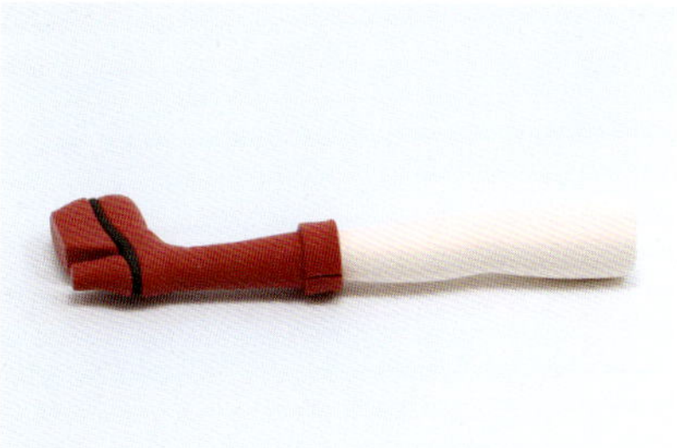

33.
把长条包裹在腿与靴子的连接处。

34.
搓一根黑色细条。

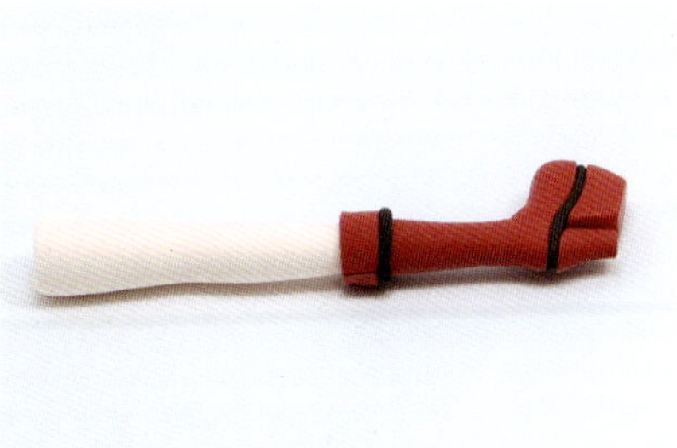

35.
把它贴在靴子边缘。

36.
同样方法做出另一条腿，把两条腿分别连接在南瓜裤上。

裙子的制作

1.

捏一个扁圆柱，连接在南瓜裤上端。

2.

做一个红色薄片。

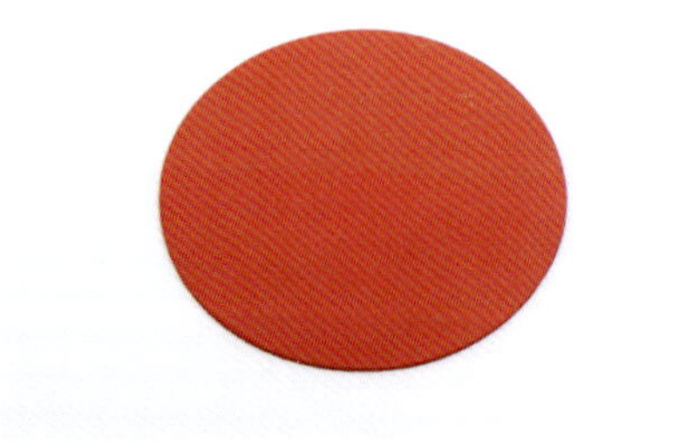

3.

用剪刀剪成圆形。

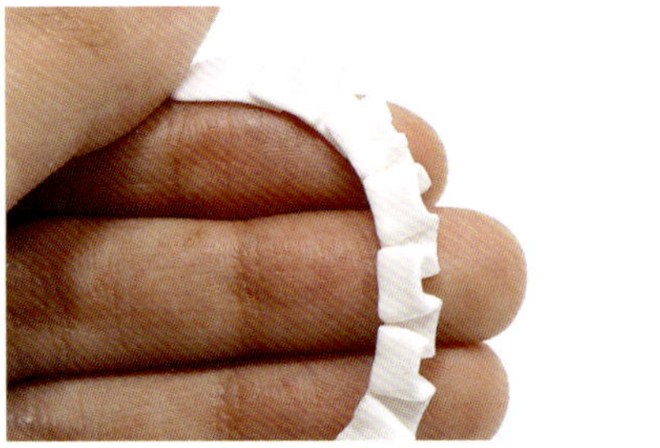

4.

搓一根白长条，用来回翻折的方法做出一条花边。

5.

将花边贴在圆形边缘，做成裙边。

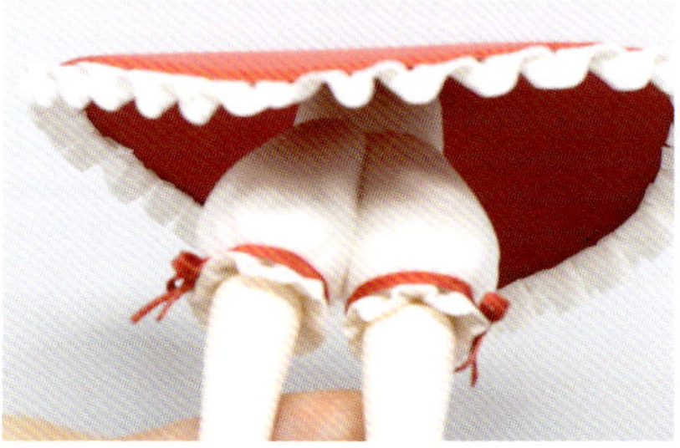

6.

把裙子盖在做好的腿上，切记要盖在正中间。

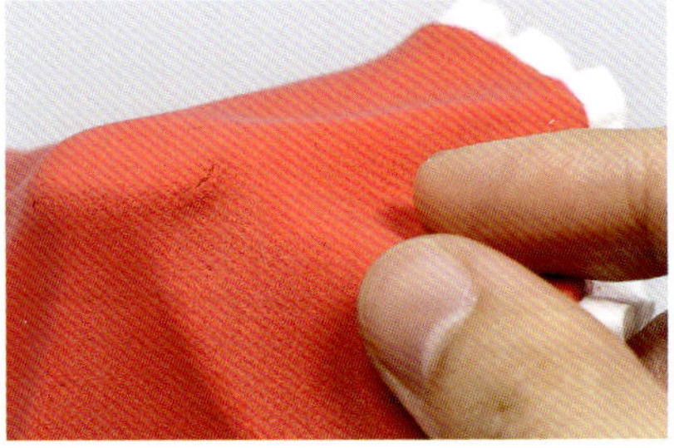

7.

用手指压出裙子的褶皱。

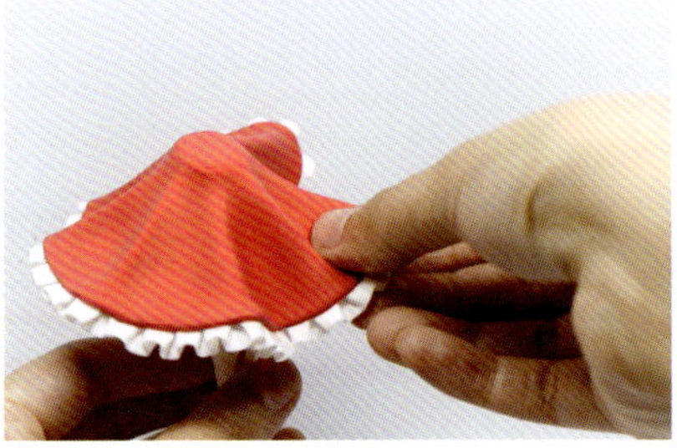

8.

用大拇指按压边缘，使其适当翻翘。

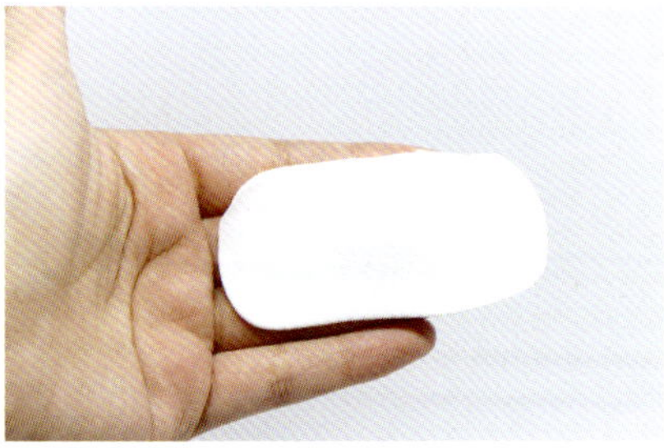

9.

做一个白色薄片。

10.

用剪刀剪成扇形。

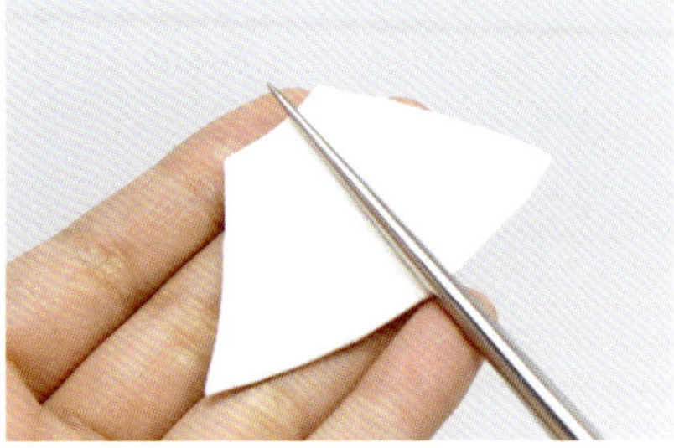

11.

用细节棒压出褶皱。

12.

粘在裙子正面的中间位置。

上半身的制作

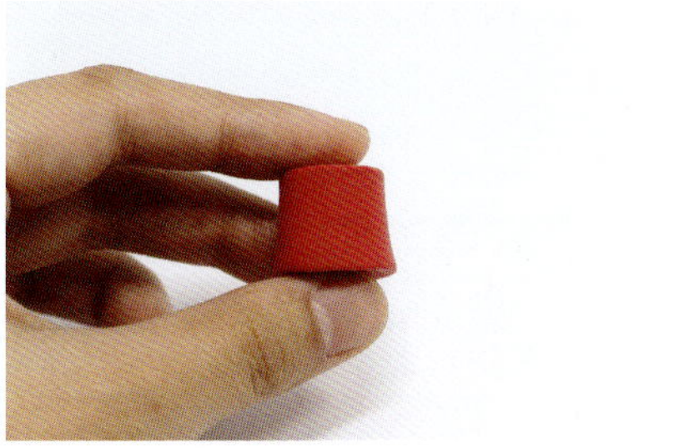

1.

用手指捏出红色腰部。

2.

用塑料刀压出纹理。

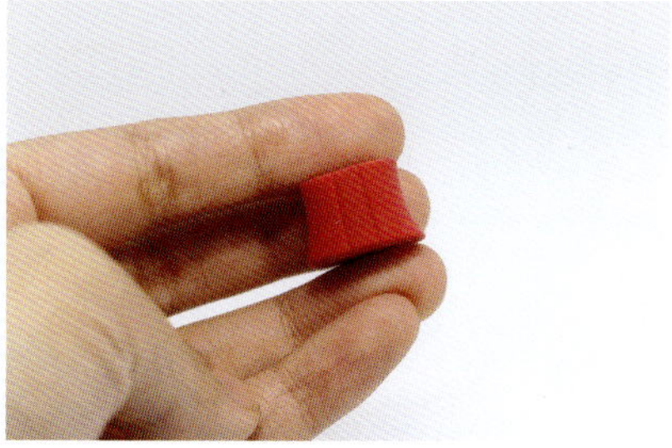

3.

压出两道刀痕。

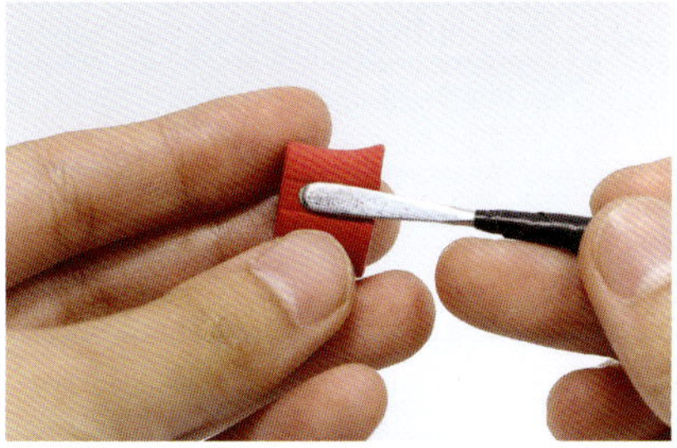

4.

用抹刀按压刀痕的中间区域。

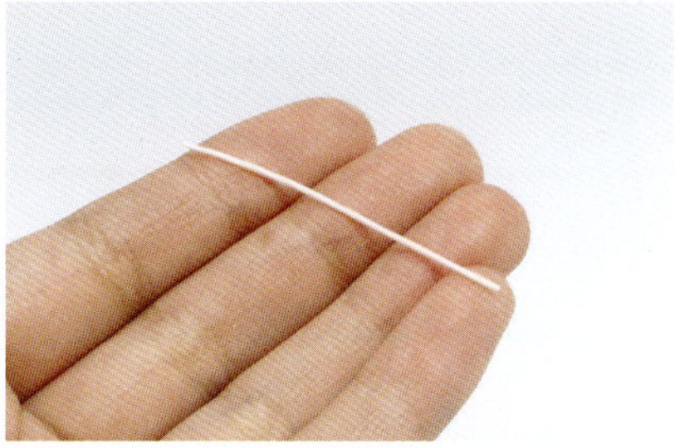

5.

搓一根白色细条。

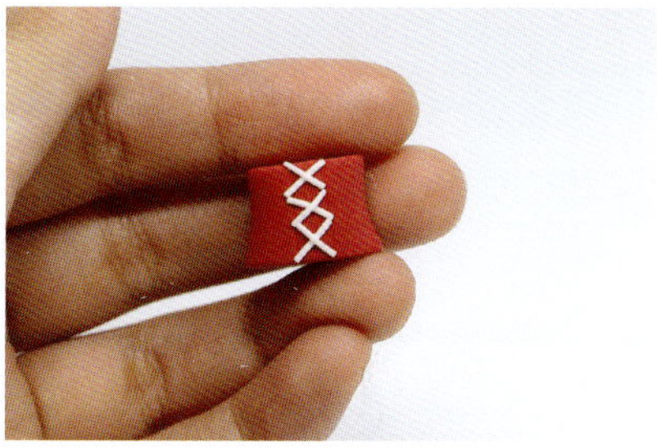

6.

剪断后照图示做成绑带。

7.

把腰部与裙子连接起来。

8.

捏一个白色扁圆柱。

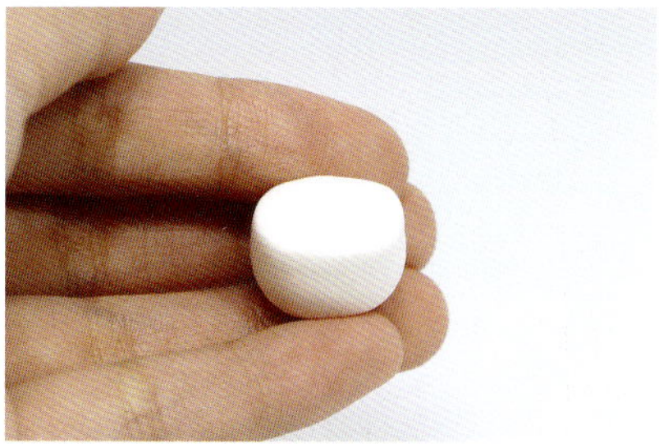

9.

把扁圆柱的一面捏成碗状。

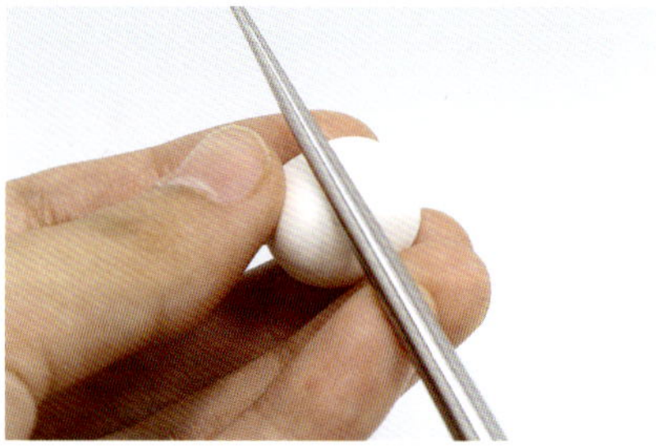

10.

用细节棒压褶子，做成胸部。

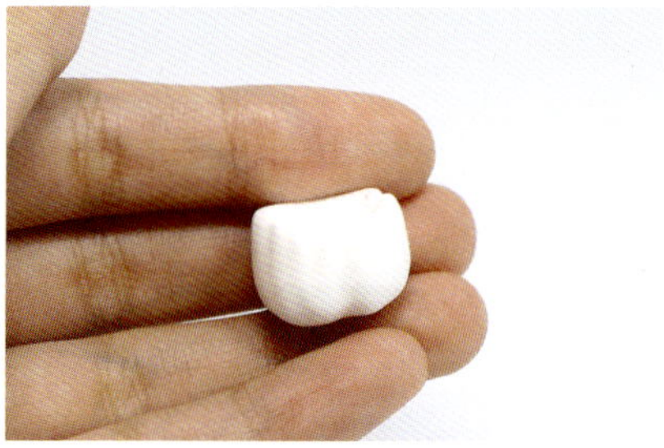

11.

注意胸部中间的褶子较深。

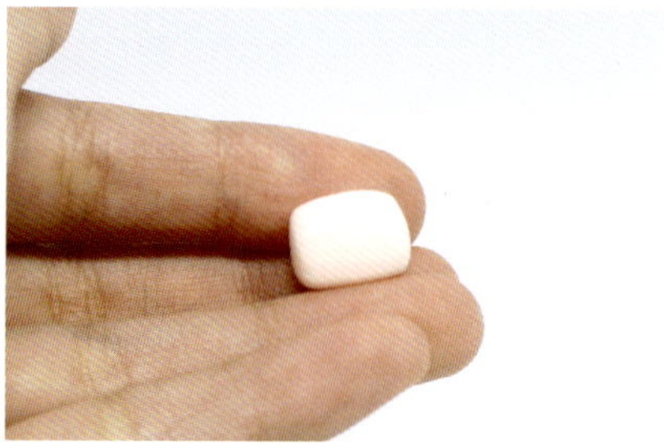

12.

捏出一个肉色梯形，安装在胸部上面。

13.

组装各部分。

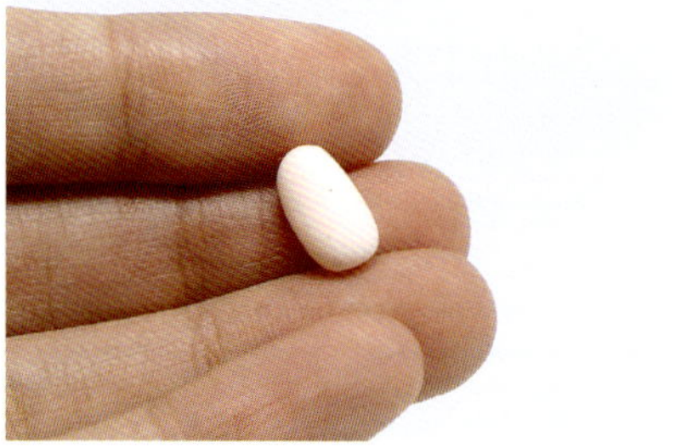

14.

捏一个肉色小圆柱，做成脖子。

15.

装上脖子。

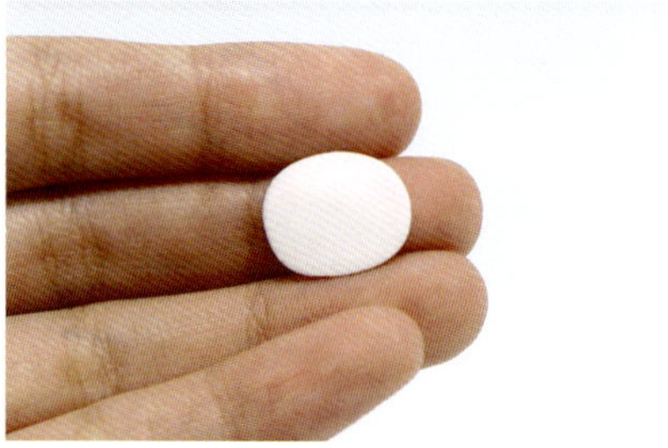

16.

捏一个圆，压扁。

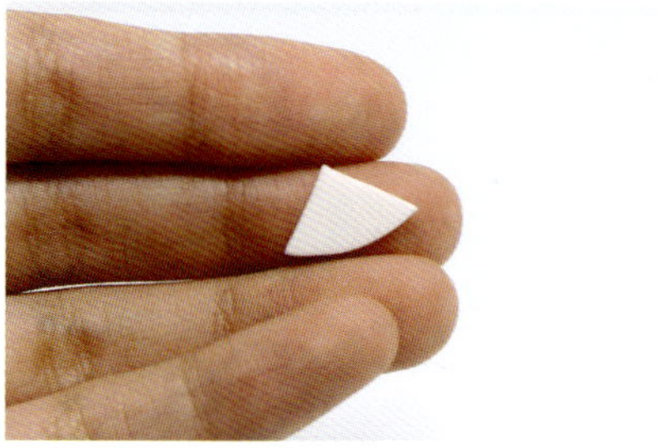

17.

用剪刀剪成扇形。

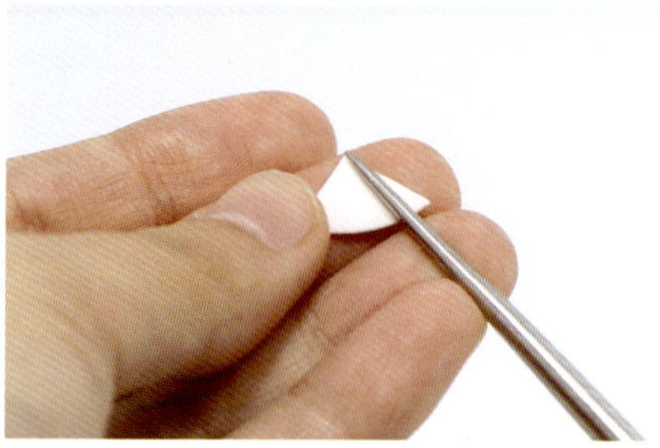

18.

用细节棒压出褶子。

19.

要压出较多的褶子。

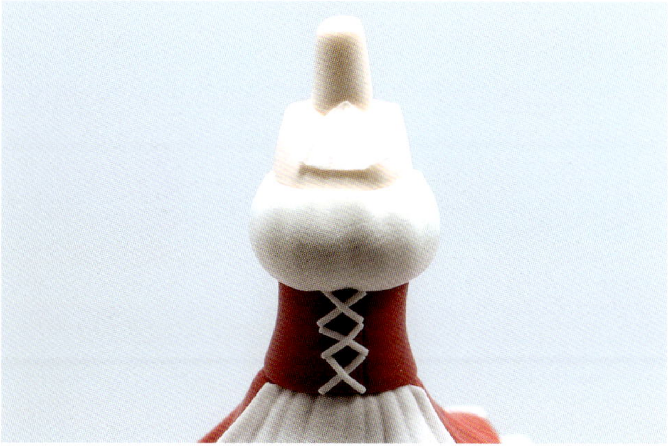

20.

粘在脖子下面。

21.

捏一个白色泥条，压扁。

22.

把它修剪成长方形，做成领子。

23.

如图所示贴上领子。

24.

捏一个白色圆球。

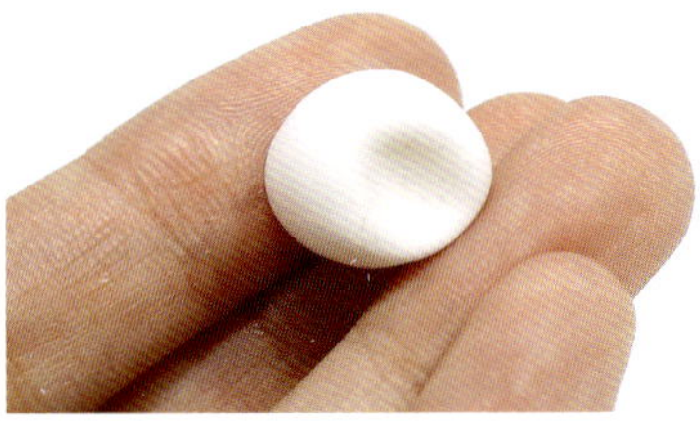

25.

用丸棒按压,在两端都压出凹面。

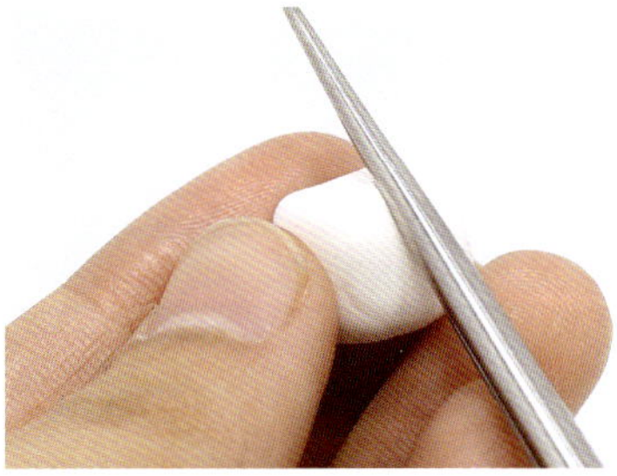

26.

用细节棒压出褶子。

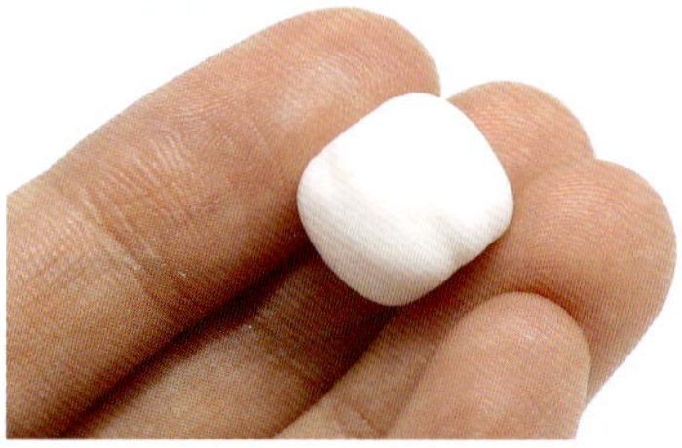

27.

如图，上下都压出褶子，做成泡泡袖。

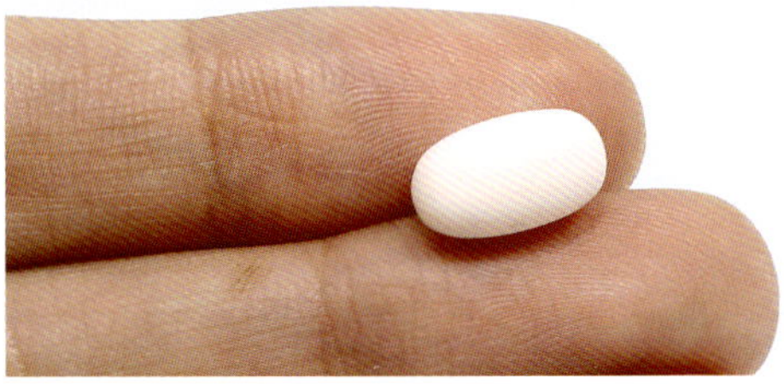

28.

捏一个肉色圆柱。

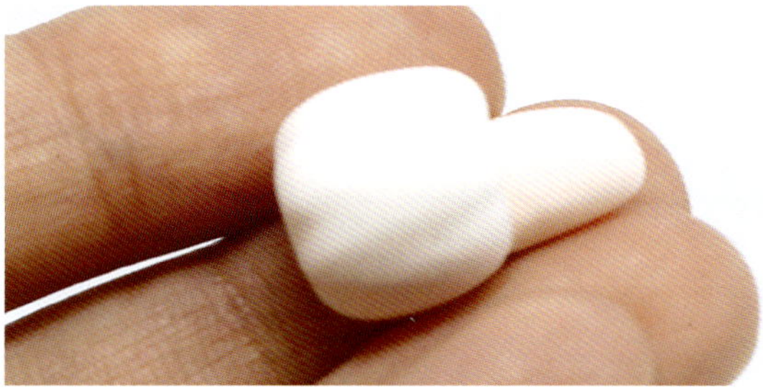

29.

把肉色圆柱和泡泡袖连接起来。同样方法再做一个。

30.

把它们连接在身体上。

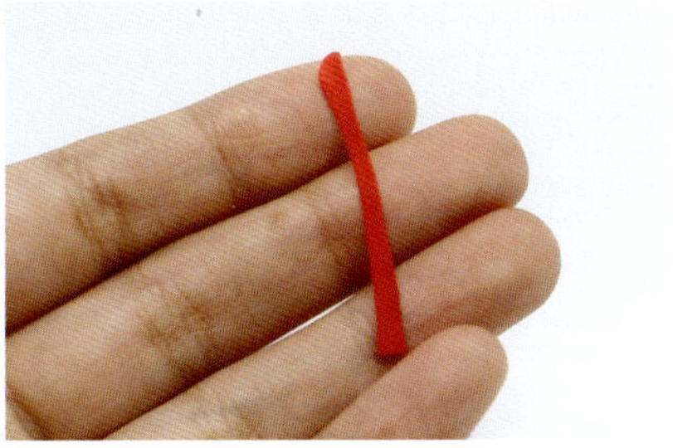

31.

搓两根红条并压扁，粘在肩上做成肩带。

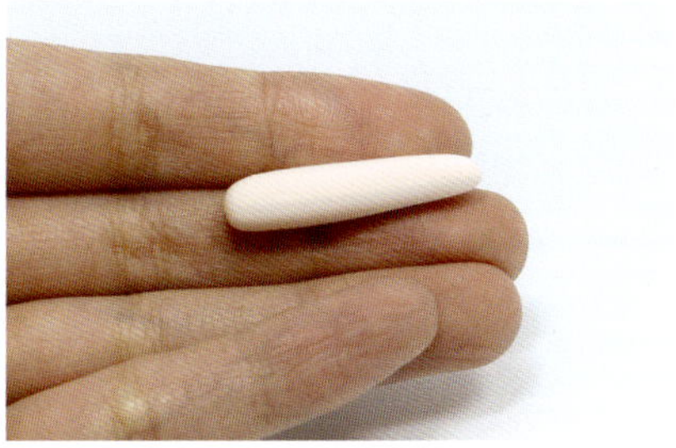

32.

捏出手臂的形状。

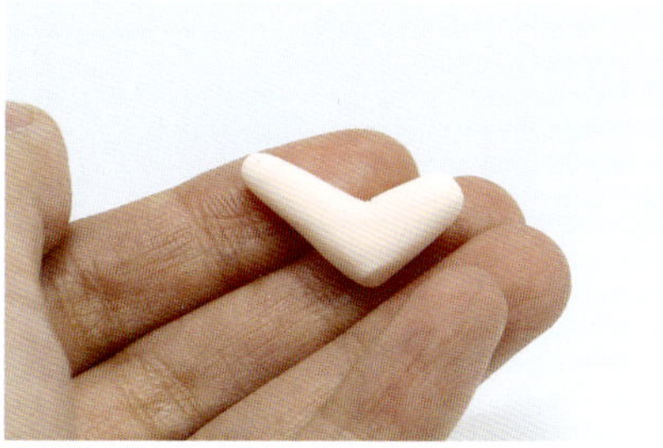

33.

弯折手臂。

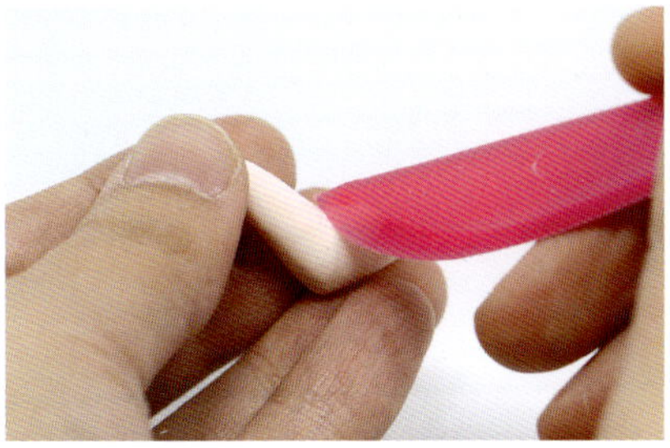

34.

用塑料刀压出手臂折痕。同样方法再做一条手臂。

35.

把两条手臂连接到袖子上。

36.

捏出手的大致形状。

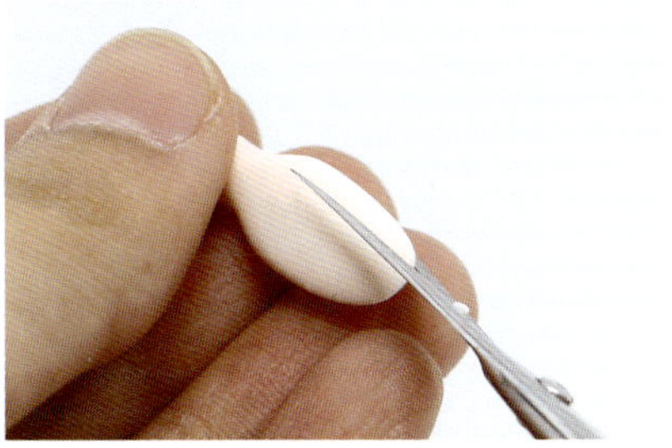

37.

用剪刀剪出四根手指。

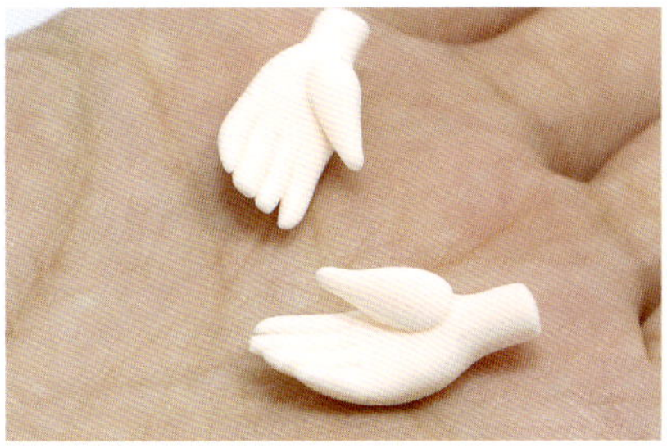

38.

做出大拇指粘上。

39.

连接手和手臂。

40.

捏两根红色长条并压扁。

41.

用长条包裹手腕。

42.

捏一个红色圆球。

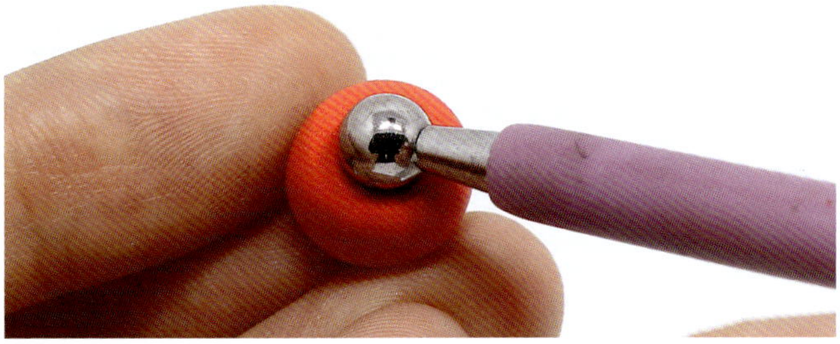

43.

用丸棒按压，凹部要上大下小。

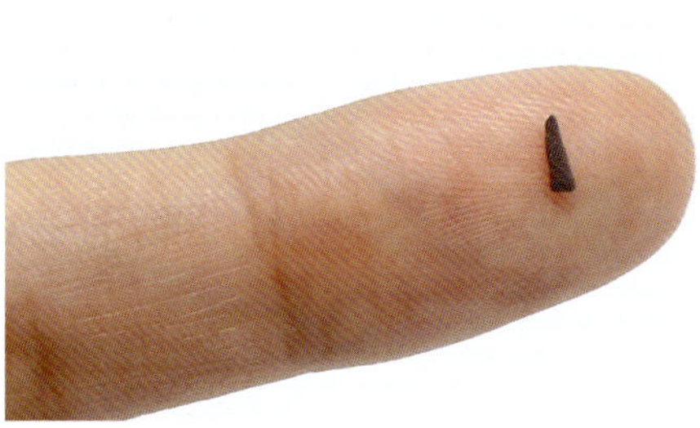

44.

用剪刀剪出一些棕色小条。

45.

如图做成苹果。

46.

搓一根土黄色长条。

47.

对折长条。

48.

扭成麻花的形状。

49.

把麻花绕圈，盘成篮子底部。

50.

再做一根长麻花，从下向上绕圈，盘成篮身，注意要上端大，下端小。然后把篮身粘在篮子底部上。

51.

搓一根细条压扁，做成篮子的边缘。

52.

做一根麻花，压扁，粘在篮子上做成提手，篮子制作完成。

53.

装入苹果。

54.

将苹果篮挂在手上。

头部的制作

1.

用软性铅笔在头部画出五官草图。

2.

用黑色笔画出轮廓。

3.

逐步加上细节。

4.

用淡金色黏土做出后脑勺。

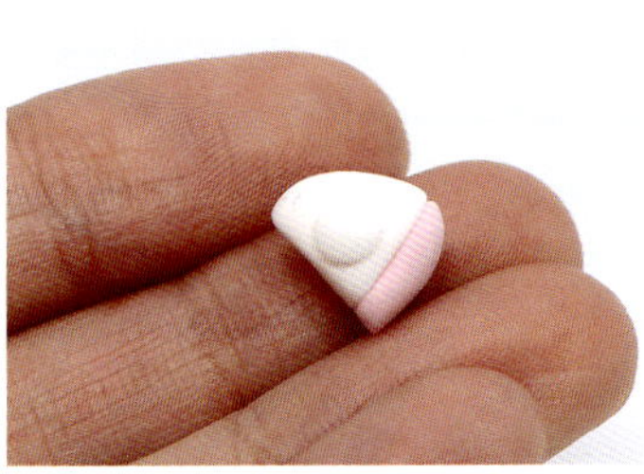

5.

照图示将白色和粉色黏土捏成水滴状，并用细节棒压出纹理，做出耳朵。同样方法再做一个。

6.

装上耳朵，保证左右对称。

7.

将淡金色黏土捏成水滴状。

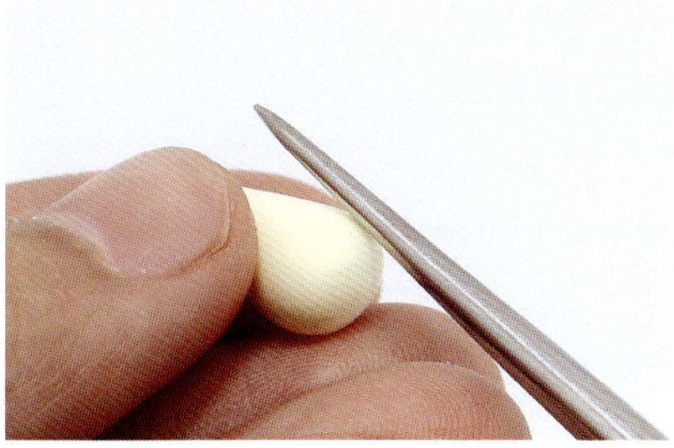

8.

用细节棒压纹理。

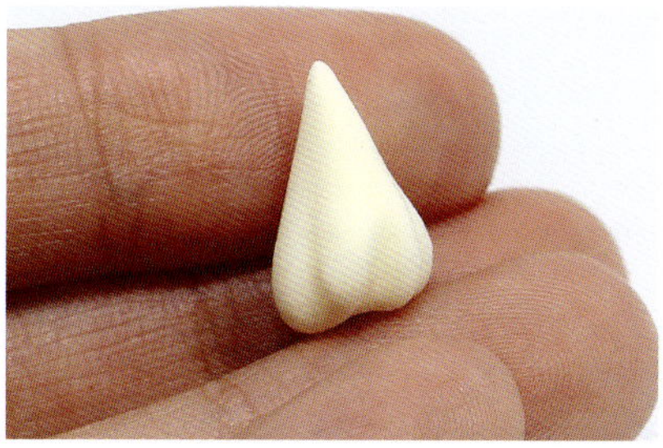

9.

做成短发束。同样方法再做一个。

10.

紧贴耳朵粘上发束。

11.

做一个纺锤形并压扁。

12.

用剪刀剪出发梢。多做几个这样的造型。

13.

照图示贴上刘海儿，注意刘海儿要连接两侧发束。

14.

侧面细节展示。

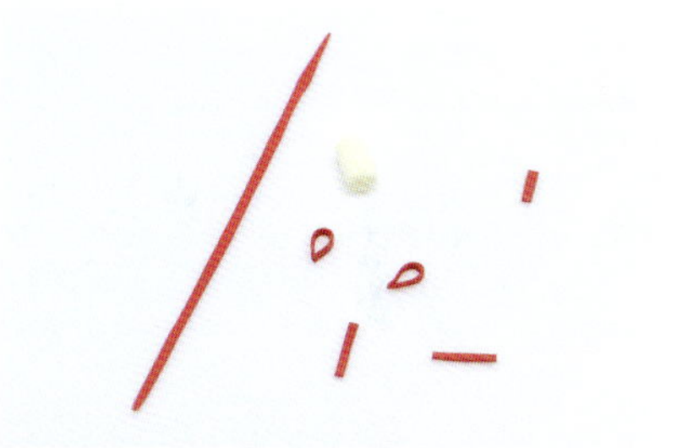

15.

搓一根红色细条和一个淡金色发束，剪开细条。

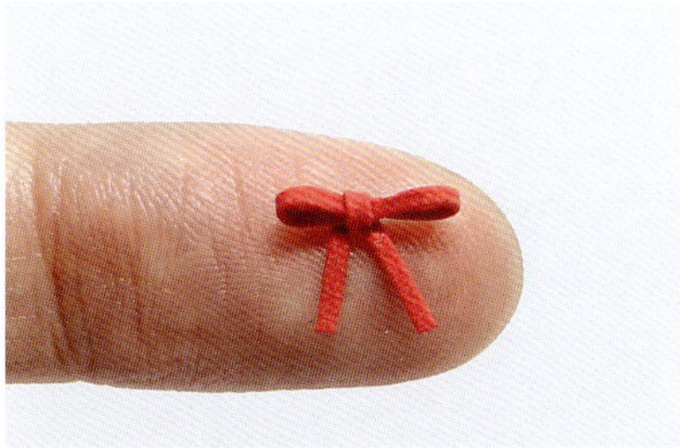

16.

做成蝴蝶结。

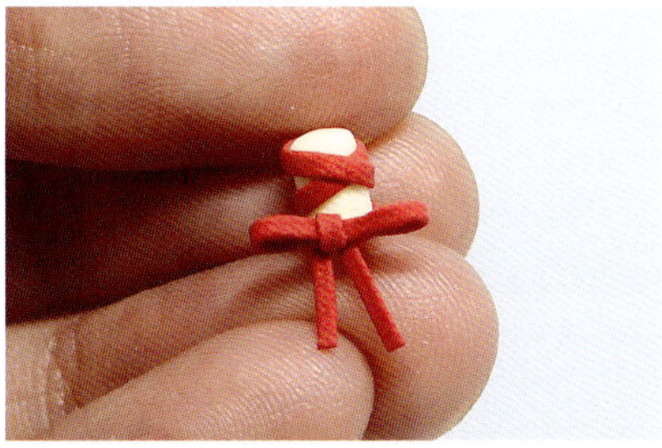

17.

照图示做出发带捆绑发束，并粘上蝴蝶结。同样方法再做一个。

18.

将发束连接到头部相应位置。

19.

把头和身体连接起来。

20.

捏一根纺锤形发条。

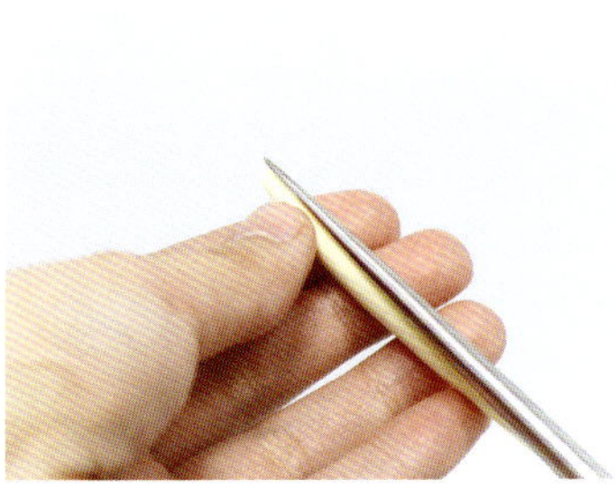

21.

用细节棒压出头发纹理。

22.

做成 S 形。同样方法再做一根。

23.

将发条连接到发束上。

24.

捏一个纺锤形发片，压扁。

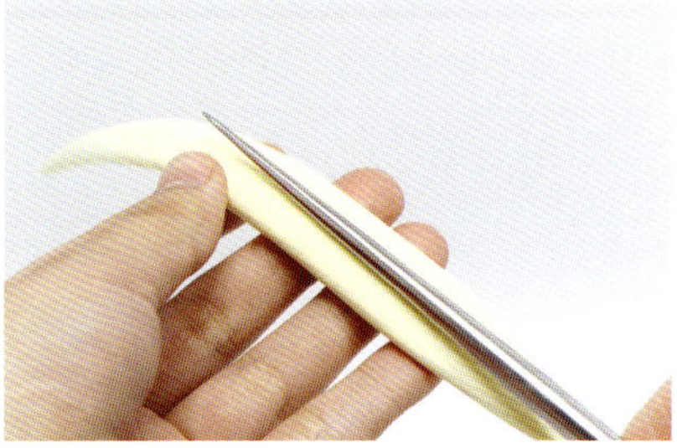

25.

用细节棒压上纹理。

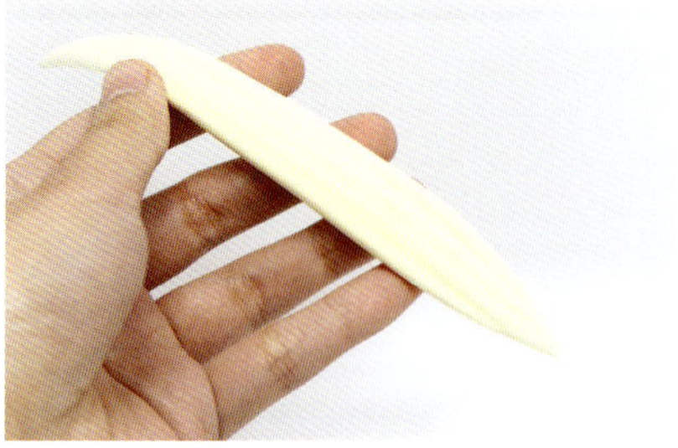

26.

注意压出较深的纹理。

27.

同样方法做一些长短不一的发片。

28.

粘上发片。

29.

将红色黏土条前后翻折，做出弧形花边。

30.

搓一根黑色泥条。

31.

照图示将花边与黑色泥条粘在头顶位置。

底座的制作

1.

将大小两个木片如图拼接起来，打孔，做成底座。

2.

先用铜桩把人物固定在木片底座上，然后在木片连接处涂抹白乳胶。

3.

适当晾干，保证其黏性。再粘上适量草粉。

4.

粘上适量落叶粉。

5.

捏一个纺锤形，并压扁。

6.

用塑料刀压出纹理。同样方法多做几片叶子。

7.

最后粘上苹果及叶子。

8.

完成图。

第五章　夏尔

欧式座椅的制作

1.

在深红色黏土中加入适量金色珠光粉。

2.

充分揉匀。

3.

捏一个扁长方体，做成椅子面。

4.

如图在边缘贴上泥条，并粘上半面珍珠。

5.

压两个同样的黏土片，注意一边薄一边厚。

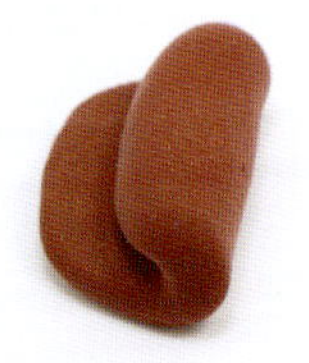

6.

将厚的一边卷起。

7.

把它们分别粘在椅子面两边，做成扶手。

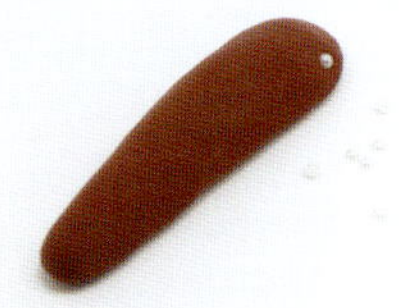

8.

捏一个椭圆片，一端宽，一端窄，在边缘粘上一圈白色或银色的半面珍珠。

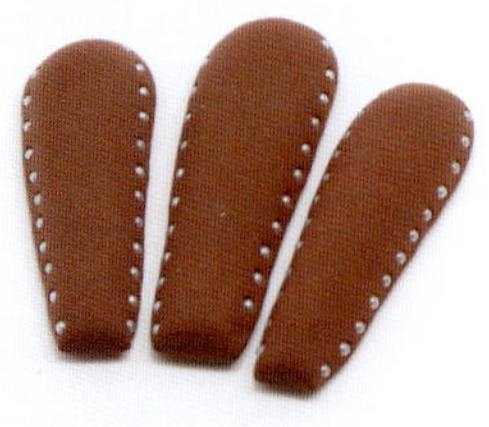

9.

用相同方法做出另外两个。

10.

做一个圆薄片。

11.

按照图示把椭圆片粘在薄片上，并进行裁剪。

12.

搓一根长泥条，适当压扁。

13.

如图粘上，做出靠背边缘的装饰线条。

14.

捏一些细泥条，如图进行装饰的细化。

15.

捏几根一端大一端小的泥条，并适当压扁。

16.

如图，将泥条依次减短，分别粘在相应位置上。

17.

如图所示捏出一条椅腿。

18.

用细泥条做出花纹，如图粘上。

19.

用相同方法重复完成四条腿。

20.

再搓一个泥条，然后如图组装各部件，并用细泥条做出椅子背面的装饰。

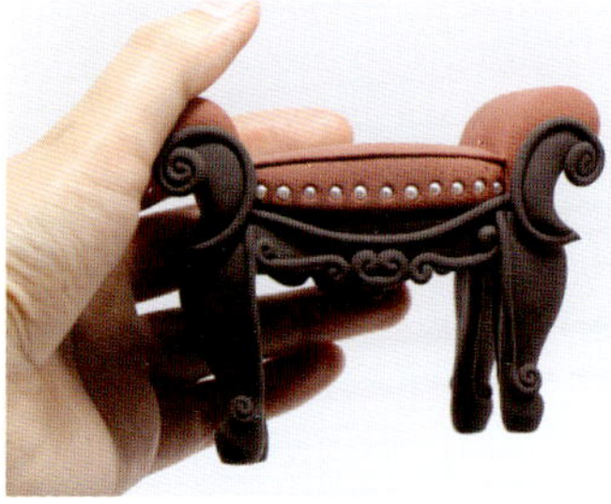

21.

再搓一些泥条，如图组装，在椅子扶手上做出椅子正面装饰。

22.

整体组装完成。

23.

如图用金色丙烯颜料上色。

裤子及腿的制作

1. 捏一个黑色圆球。

2. 搓成圆柱体。

3. 从中间捏曲。

4. 把两端捏成平面，做成裤子。

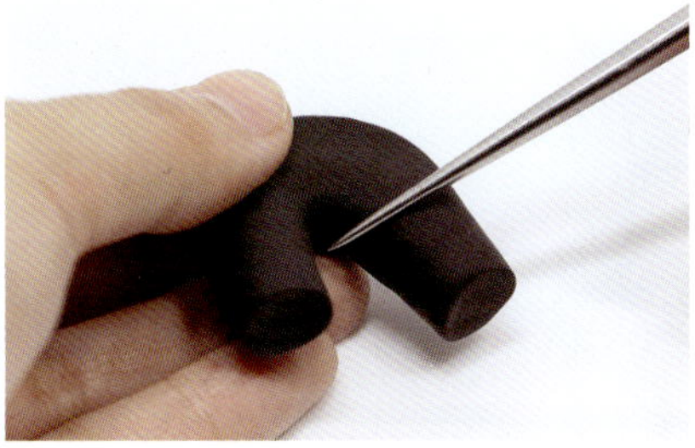

5. 用细节棒压出裤子褶皱。

6. 完成褶皱。

7. 抬起一条裤腿，让其适当压住另一条。

8. 搓一个黑色圆球。

9. 捏出小腿的大致形状。

10.

捏出小腿和脚的形状，并压出顶部平面。

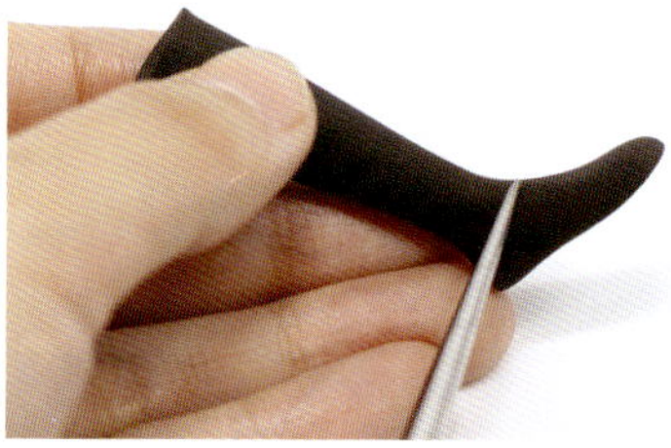

11.

用细节棒压出褶子。

12.

褶子完成。

13.

做一个小圆柱，长度与脚底相等，并压扁。

14.

捏出鞋底边缘。

15.

鞋底完成。

16.

组装鞋底，并做出鞋跟粘上。

17.

捏一个肉色圆柱，做成腿。

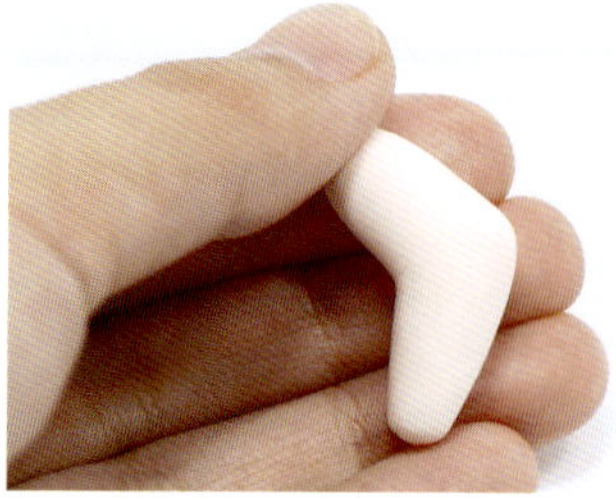

18.

用手指弯折出膝盖位置。

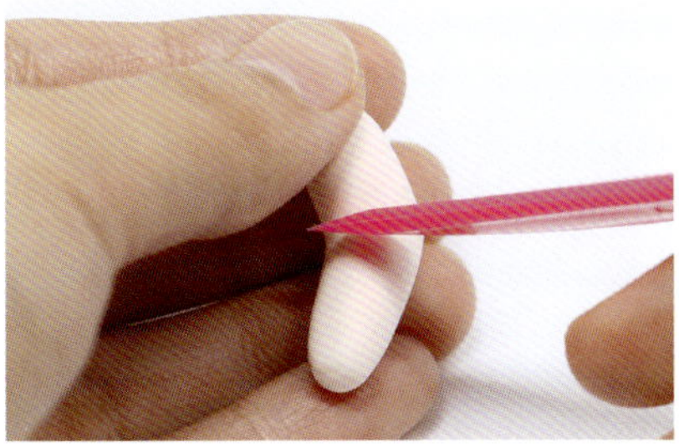

19.

用塑料刀压出细节。

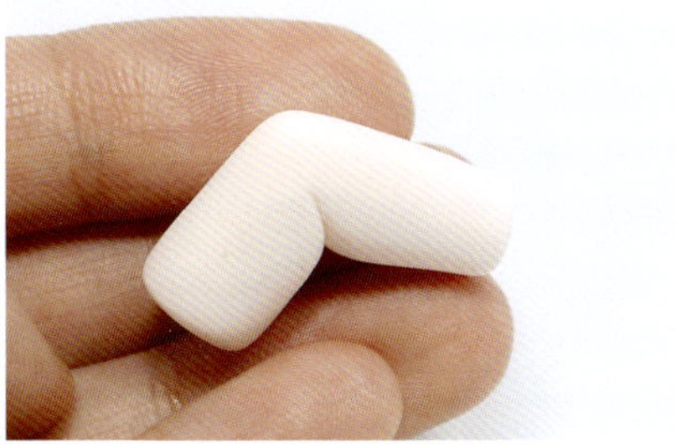

20.

用手指压平腿部两端。

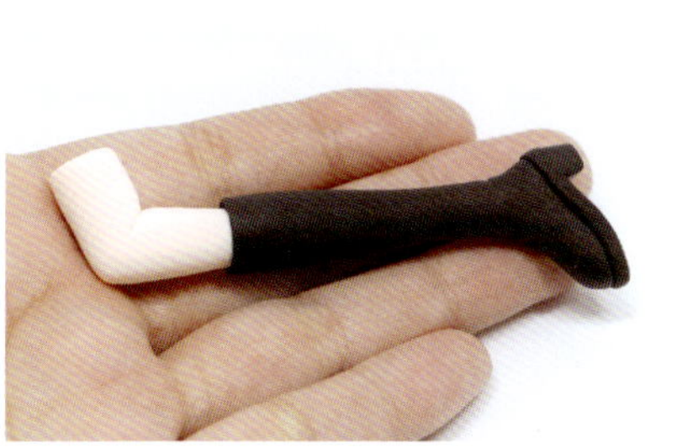

21.

将腿与靴子连接。

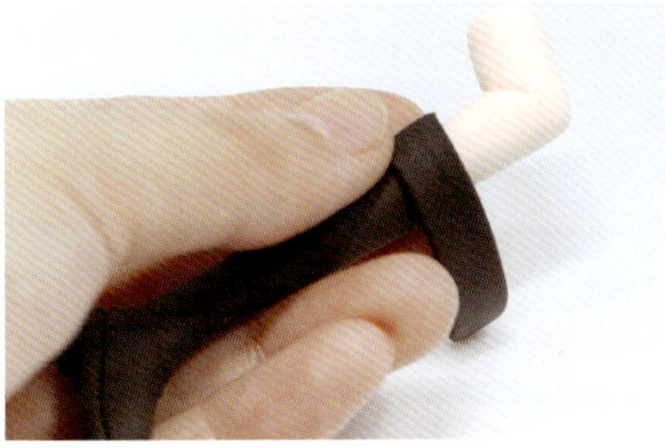

22.

用泥条包裹靴子与腿的连接处。

23.

包裹完成。

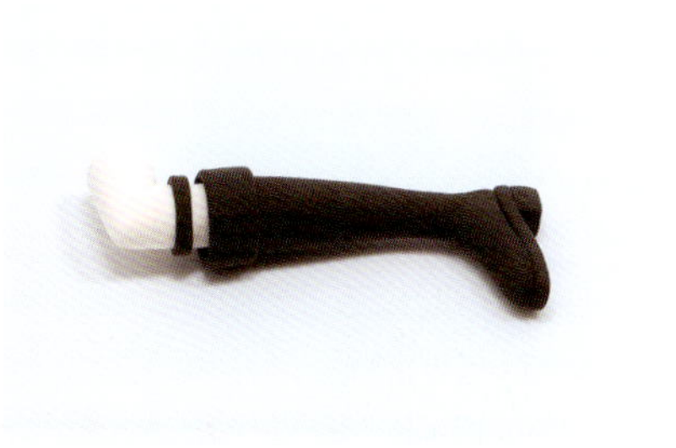

24.

如图在腿上包裹一圈细泥条。

25.

把腿与短裤连接起来，放在座椅上。

26.

用同样的方法做另一条腿。

27.

在腿与裤子连接处分别包一圈黑色泥条。

上半身的制作

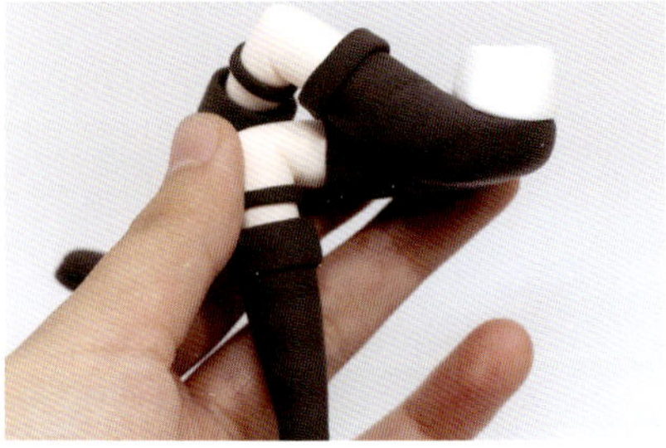

1.

捏一个小圆柱，并连接在裤子上。

2.

根据圆柱及裤子宽度，剪三张泥片。

3.

用细节棒压出衣褶。

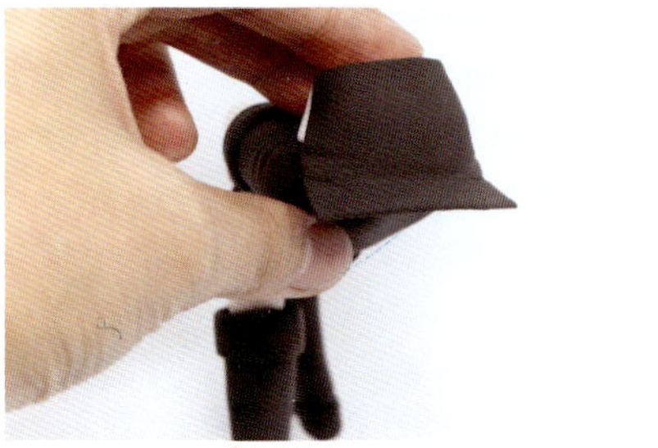

4.

如图贴在背后一片。

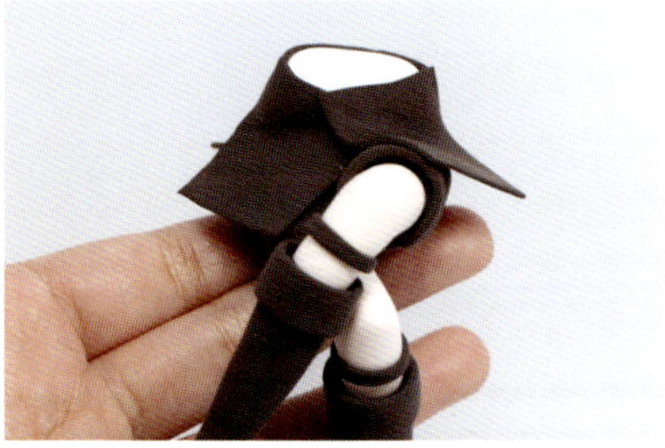

5.

根据裤子形状走势，贴上另外两片。

6.

用细节棒适当压出褶子。

7.

修剪边缘，并压出顶端褶子。

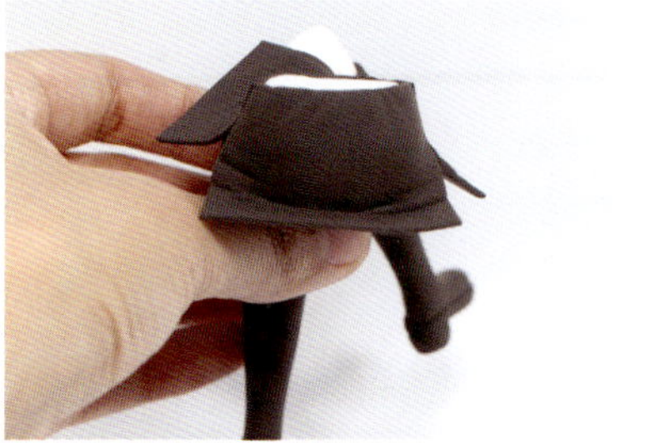

8.

压出背后褶子。

9.

做一个黑色圆柱粘上去。注意黑色圆柱要略小于底部。

10.
捏一根黑色泥条，做成腰带。

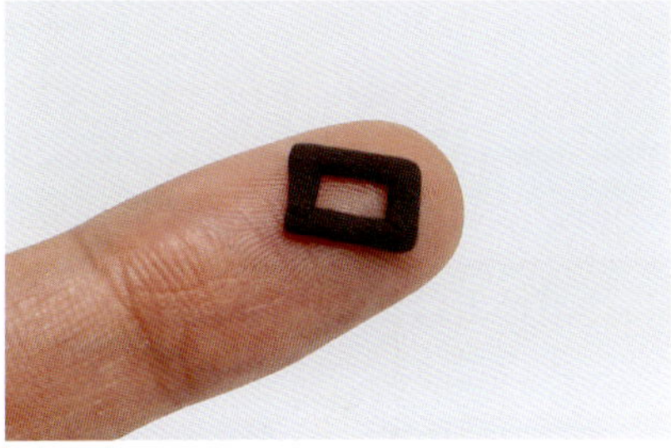

11.
照图示用细泥条做出腰带扣。

12.
把腰带、腰带扣如图粘在相应位置上。

13.
捏出上半身形状。

14.
用塑料刀压出线条。

15.
用手指按压线条左侧部分。

16.
使整体有轻微高度差。

17.
用塑料刀压出领口位置。

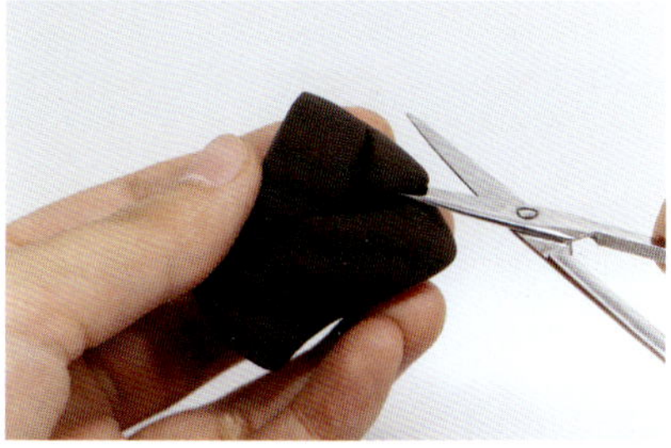

18.
再用剪刀剪掉领口的黏土。

19.

把领口部分清理干净。

20.

用细节棒压出前后的衣褶。

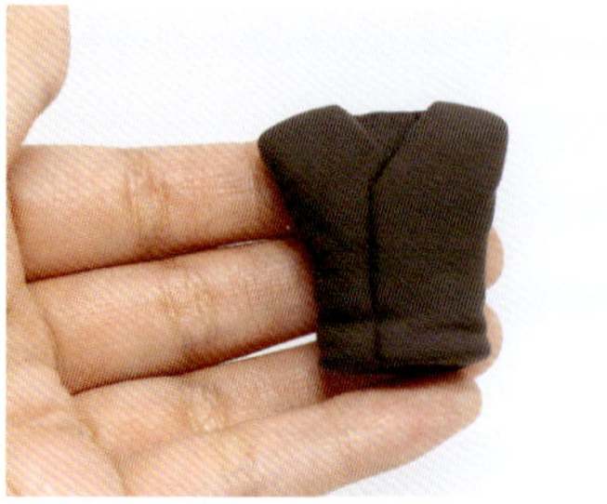

21.

正面衣褶展示。

22.

背面衣褶展示。

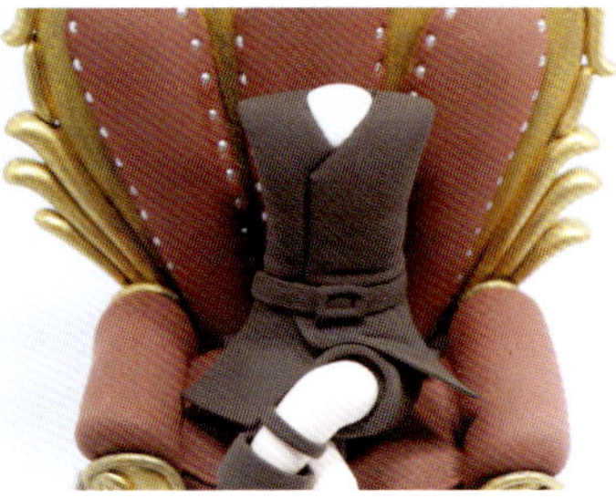

23.

在领口部分填上白泥，然后把上下身连接起来。

24.

捏一个肉色圆柱，做成脖子。

25.

捏一根白色泥条，做成领口围在脖子上。

26.

做出深蓝色领带粘上，用白色泥片做出衬衣领。

27.

将深红色黏土剪成三角形，做成外衣翻领，用黑色泥片做出立领。

28.

再用较宽的黑色泥片包裹立领。

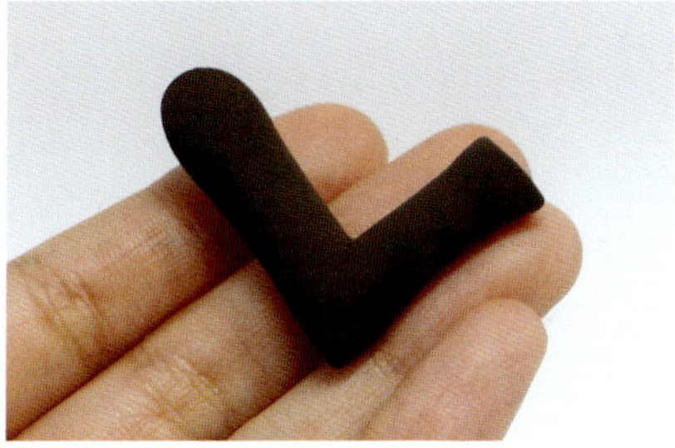

29.

用黑色黏土做出袖子。

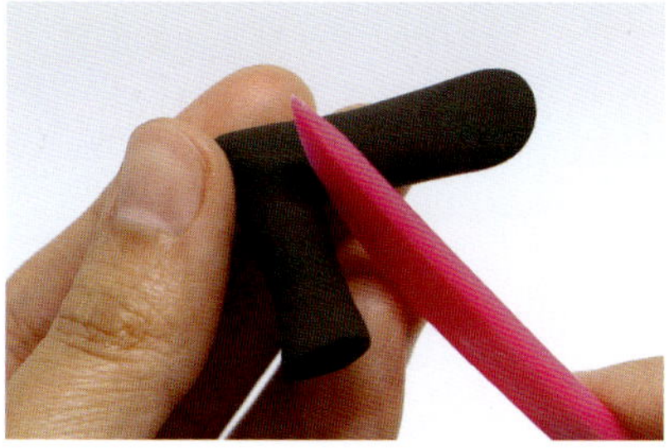

30.

用塑料刀压出关节处的褶子。

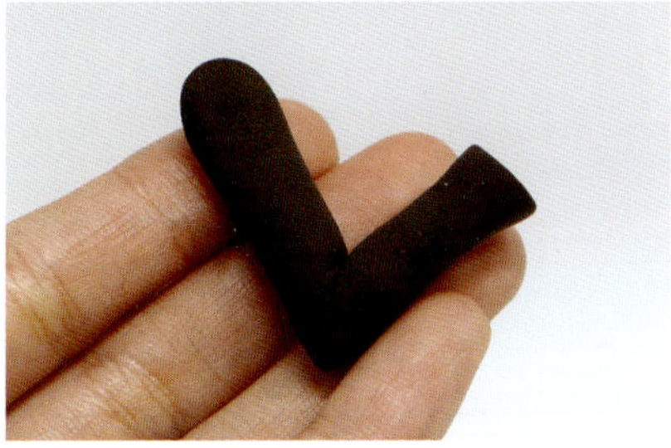

31.

效果展示。

32.

用细节棒压出衣褶。

33.

手臂制作完成。用同样的方法做出另一只手臂。

34.

将手臂与身体连接起来。

35.

用深红色黏土修剪出两个肩章。

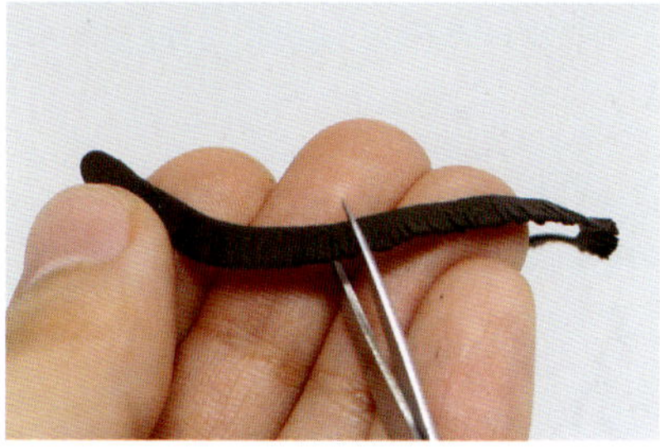

36.

把黑色泥条的一侧剪成细条，做成挂穗。

37.

将黑色挂穗如图粘贴在肩章边缘。

38.

装上肩章。

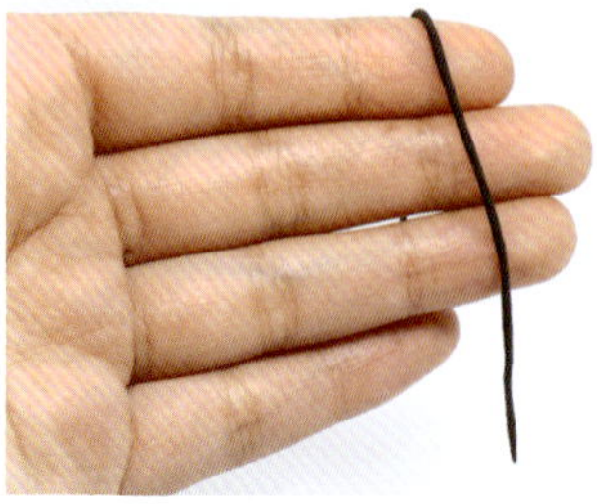

39.

搓一根细泥条。

40.

如图用细泥条修饰衣服边缘。

41.

捏两根宽泥条。

42.

用刀背压出纹理。

43.

用宽泥条包裹袖口。

44.

做出双排纽扣，并粘贴在衣服的相应位置上。

脸的制作

1.

设计出面部表情。

2.

用软性铅笔在干透的脸上打底稿。

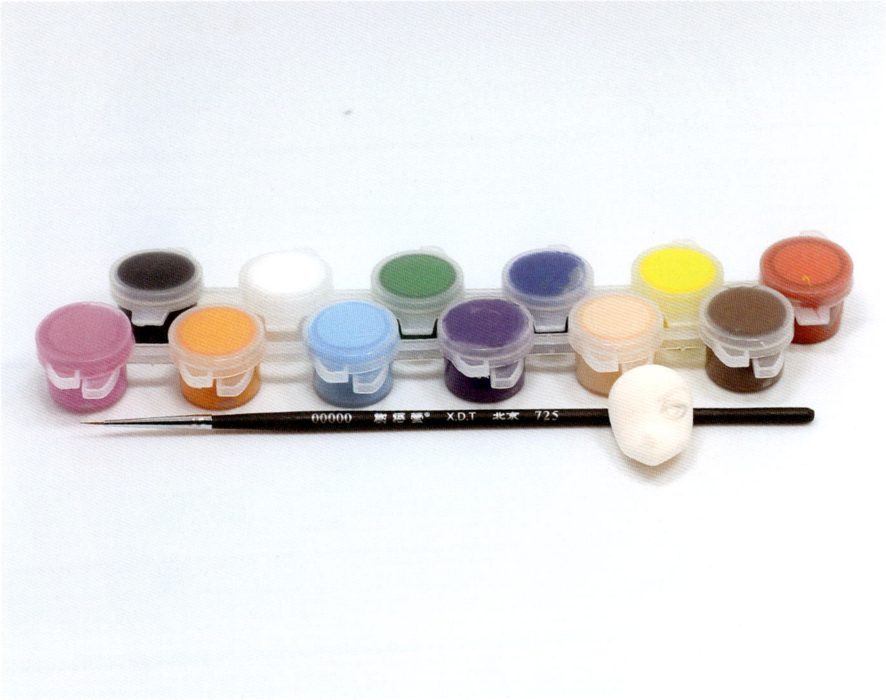

3.

用面相笔蘸取丙烯颜料上色。

4.

用黑色勾勒线条。

5.

画出细节。

6.

用棕色画嘴，用淡棕色画阴影。

7.

最后擦掉铅笔底稿。

头发、眼罩、帽子、手的制作

1.

用深蓝色黏土包出后脑勺。

2.

注意后脑勺形状要圆且饱满。

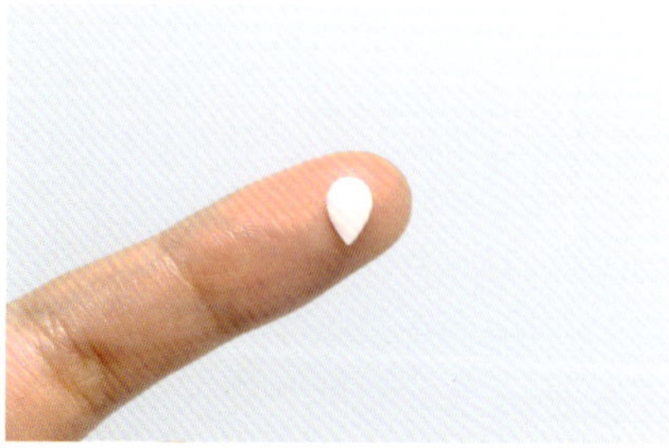

3.

用肉色黏土做成耳朵。

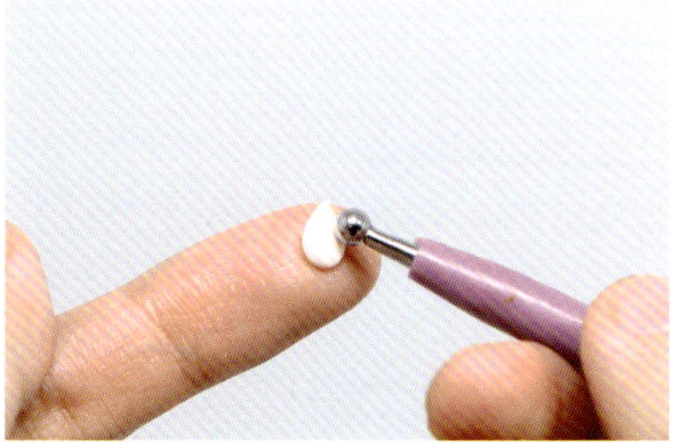

4.

用丸棒压出耳蜗。用同样的方法做出另一只耳朵。

5.

装上耳朵。

6.

做出纺锤形发片。

7.

用剪刀剪开发梢。

8.

第一层发片要紧贴耳根粘贴。

9.

多做几片发片，依次紧密地贴好第一层。

10.

再做一些发片，盖住缝隙贴出第二层。

11.

搓一根黑色细泥条。

12.

把细泥条贴在图中相应位置，做成眼罩带子。

13.

捏一个圆片，做成眼罩。

14.

装上眼罩。

15.

做一些发片，贴出第一层刘海儿。

16.

注意不要让发梢盖住耳朵。

17.

要露出部分眼罩带子，再贴出顶层发片。

18.

顶层发片的分布展示。

19.

贴好顶层发片后的正面展示。

20.

贴上顶层刘海儿。

21.

左侧展示。

22.

捏一个月牙形帽檐。

23.

用手指捏出帽檐边缘。

24.

完成的帽檐。

25.

捏一个圆球并压扁。

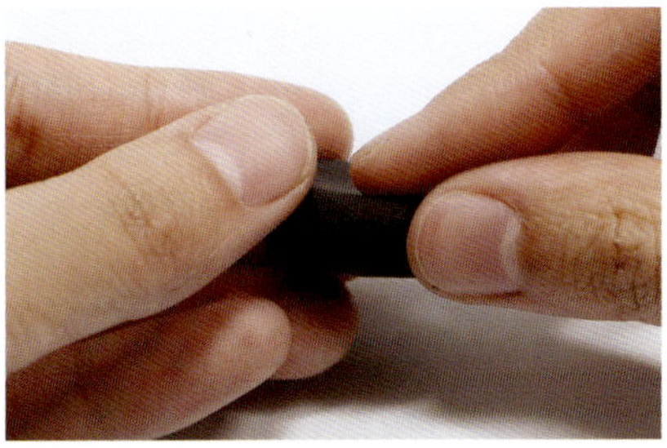

26.

用手指捏出边缘，注意要上大下小。

27.

碗状帽顶展示。

28.

再捏一个圆形并压扁。帽子各部件完成，尺寸对比如图。

29.

将各部件如图组装起来，并用细条和扁圆如图装饰帽子。

30.

做出手的形状。

31.

用剪刀剪出四根手指。

32.

贴上大拇指。

33.

做出另一只手，注意四指略微弯曲。

34.

组装各部件，按图示用金色模型漆给相应部件上色（也可用金色丙烯颜料上色）。

底座的制作

1.

剪四根适当长度的金色铜棒（或给铁丝刷上金色颜料）。

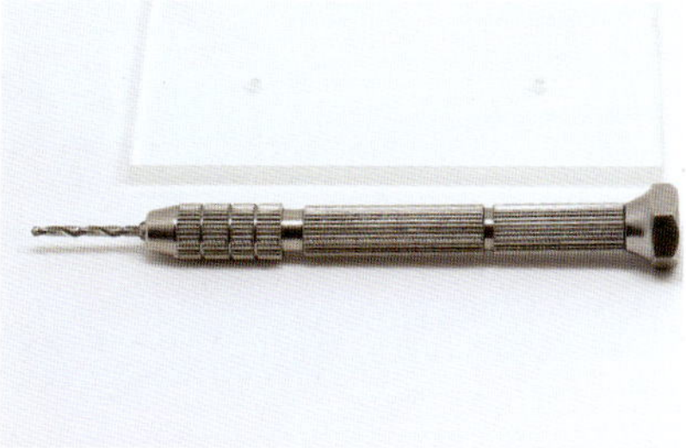

2.

根据椅子腿的位置，在亚克力底座上用手钻打四个孔。

3.

用双面胶覆盖亚克力底座，并剪好地板花纹纸。

4.

贴上地板花纹纸。

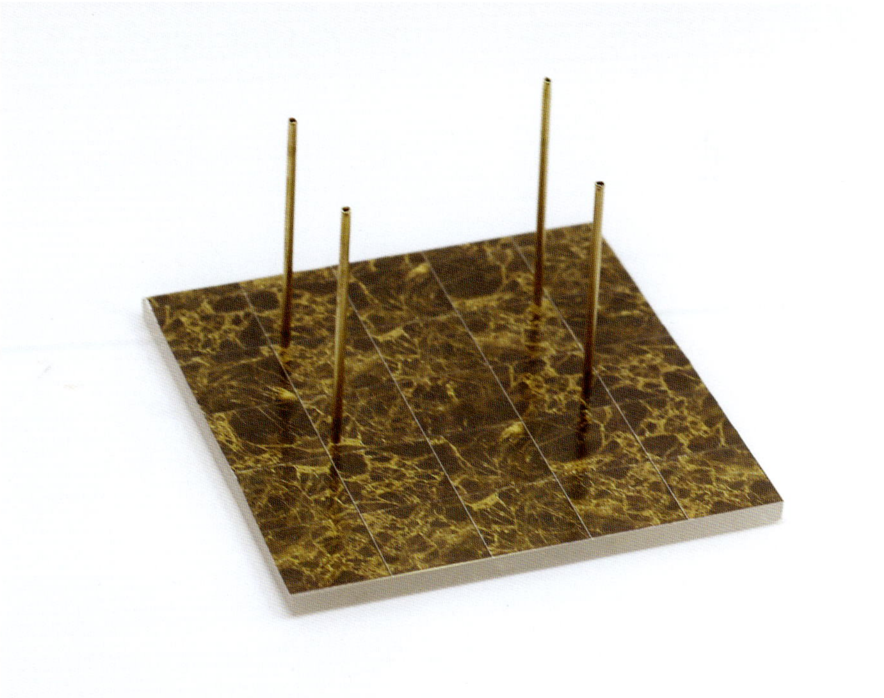

5.

将铜棒插入打好的孔中，底座完成。

第六章　南小鸟

腿及内裤的制作

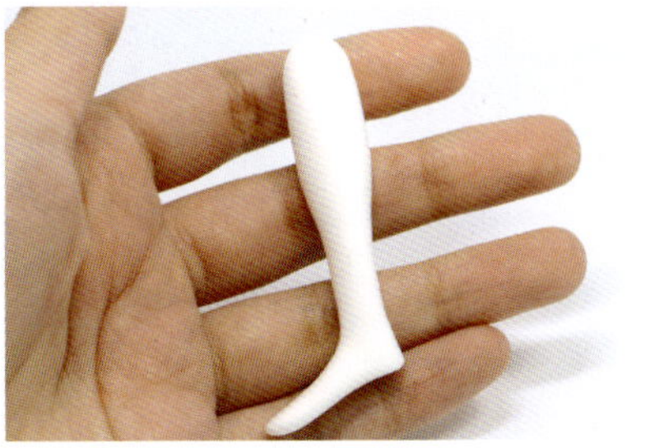

1.
用白色黏土捏出腿的大致形状。

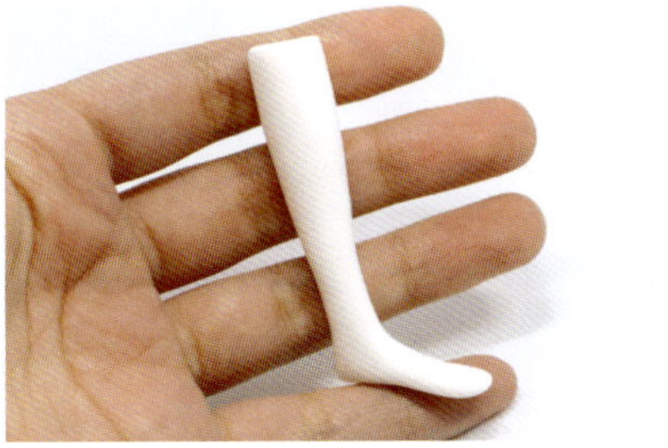

2.
用手指压出连接的平面。

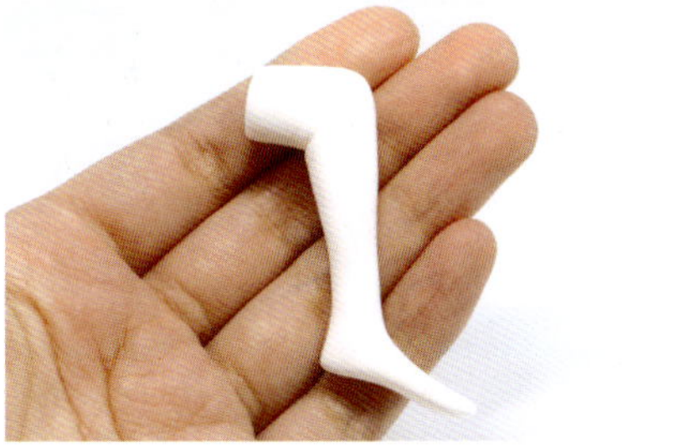

3.
照图示将腿弯曲。

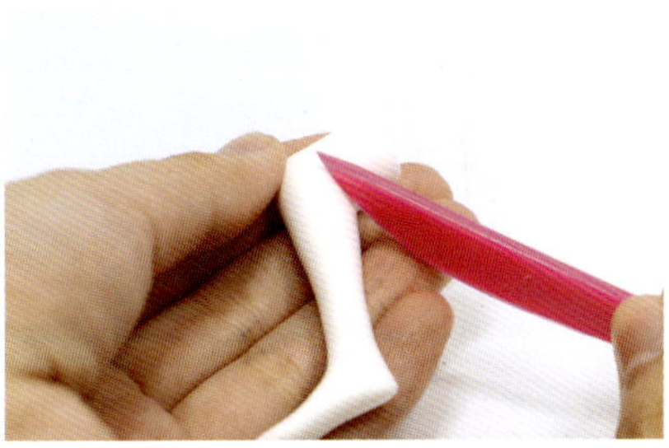

4.
用塑料刀压深折痕。

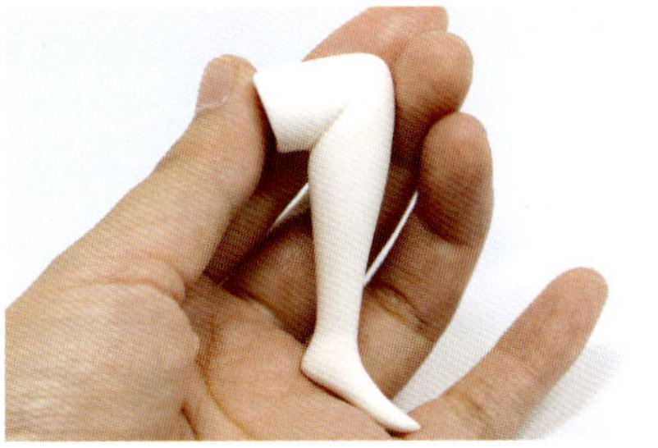

5.
修整形状。

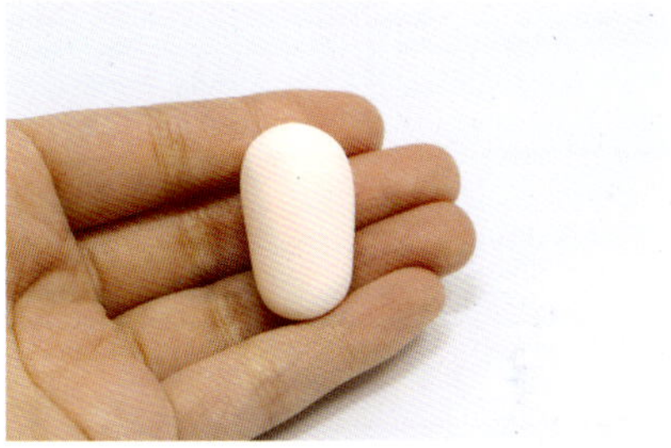

6.
做一个肉色圆柱，注意要上大下小。

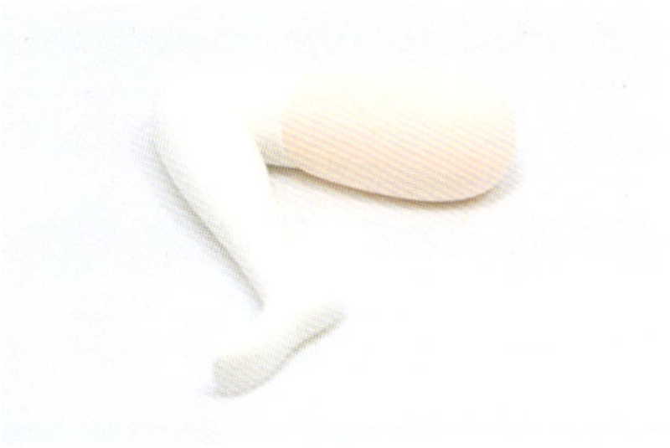

7.
将它与小腿连接起来。

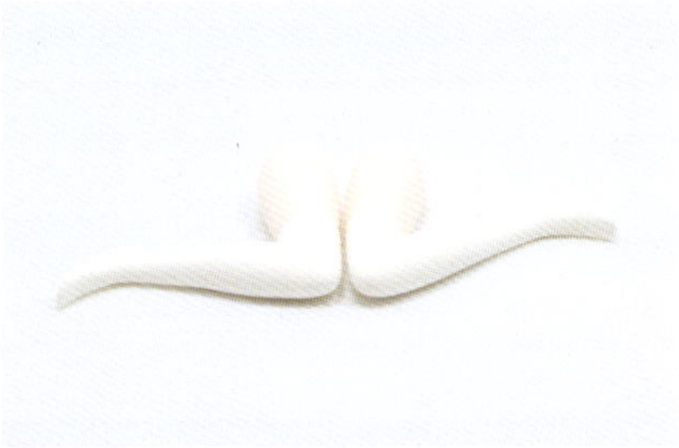

8.
用同样的方法做出另一条腿。

9.
捏一个白色圆球。

10.
将圆球捏成如图的半圆球形状，做成内裤。

11.
将内裤与两条腿连接起来。

上半身的制作

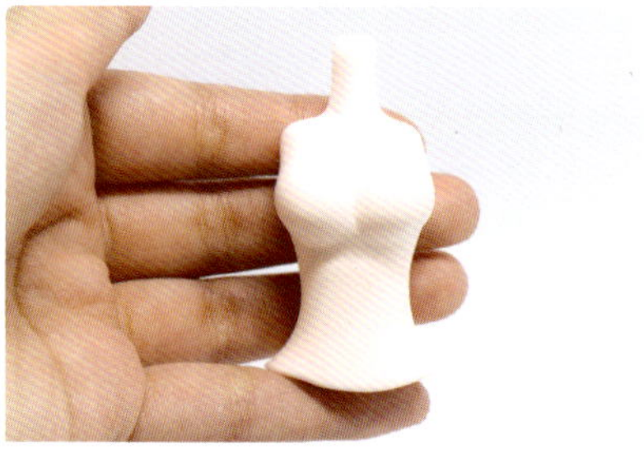

1.

做出一个上半身素体。

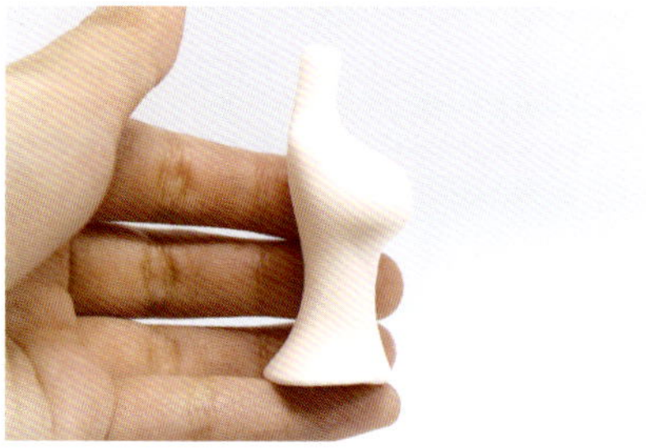

2.

侧面展示。

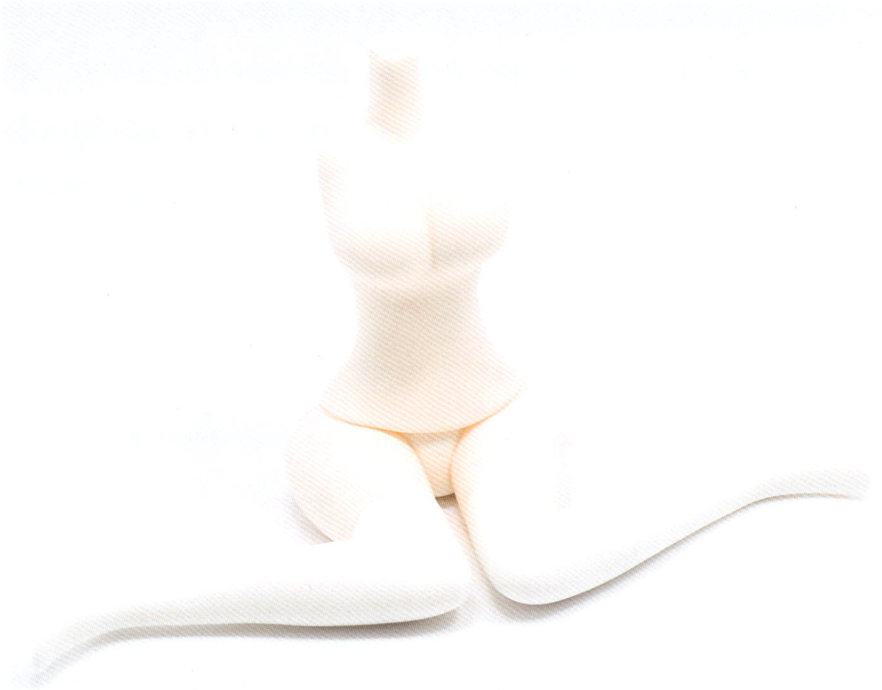

3.

如图，将上半身与下半身连接起来。

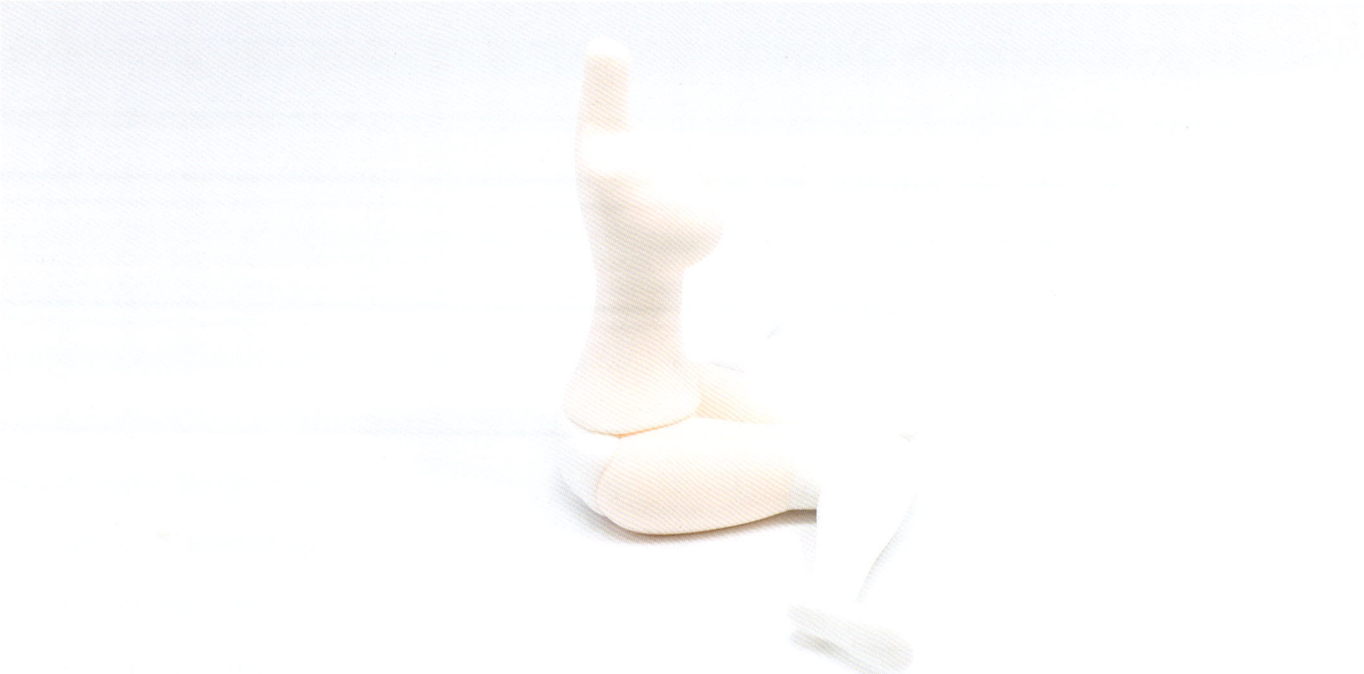

4.

注意侧面腰线。

裙子的制作

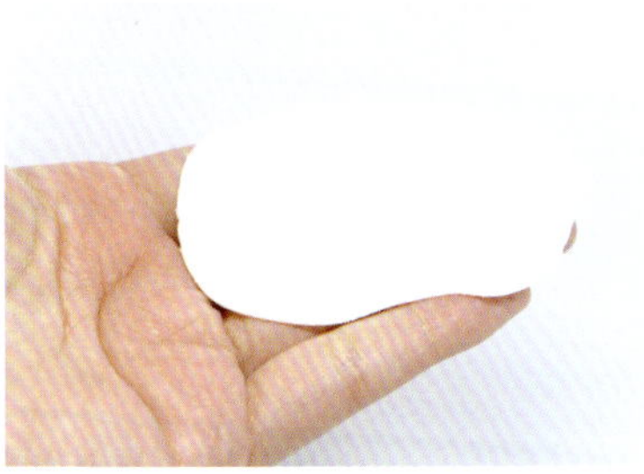

1. 将素材土加白色黏土擀成薄片。

2. 用剪刀剪成若干梯形长条。

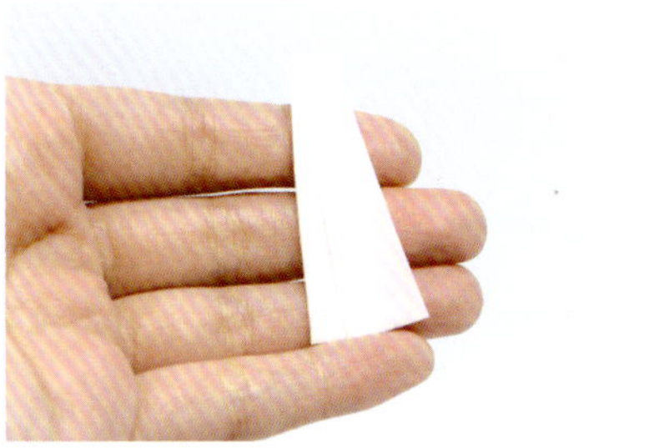

3. 如图将梯形长条错落着拼接在一起。

4. 将裙子根据人体弧线贴合在身体上。

5. 注意高度与胸部最低点平齐。

6. 将白色黏土加入银色珠光粉。

7. 充分揉匀。

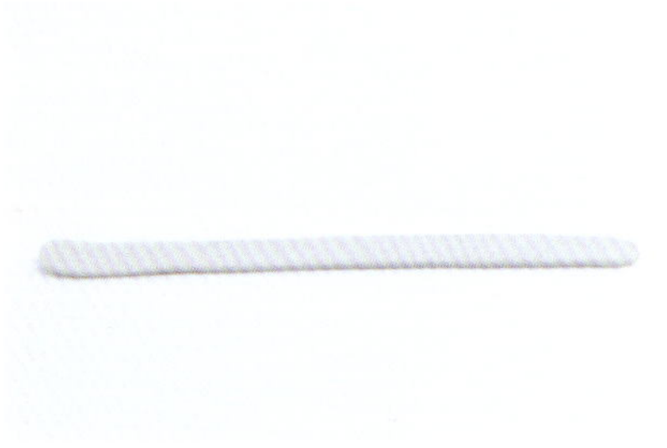

8. 搓成长条。

9. 用剪刀剪出若干小三角。

10.

将小三角粘在裙子上部边缘。

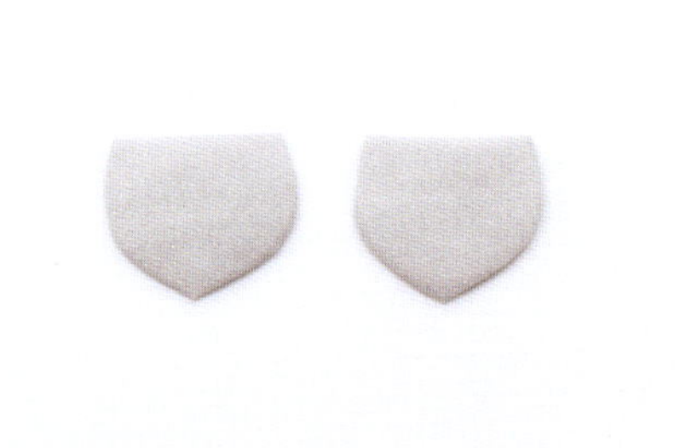

11.

照图示修剪出胸衣形状。

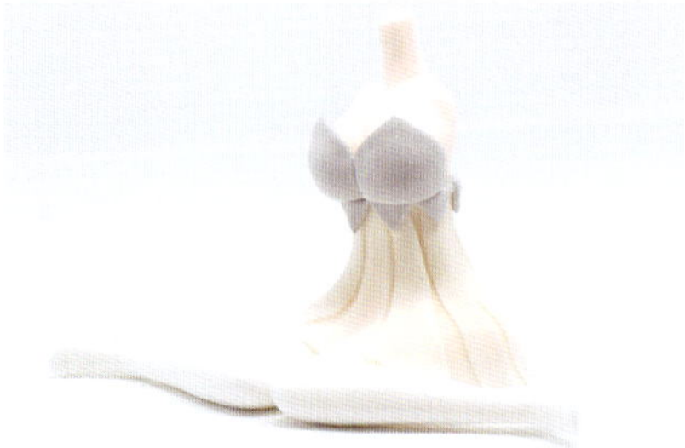

12.

粘在胸部位置。

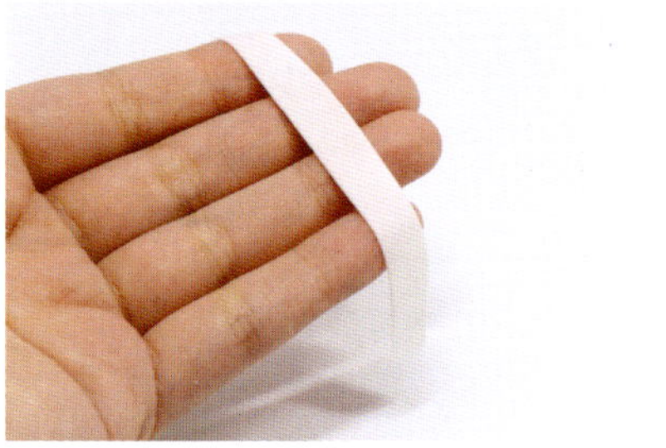

13.

将素材土搓条并压扁。

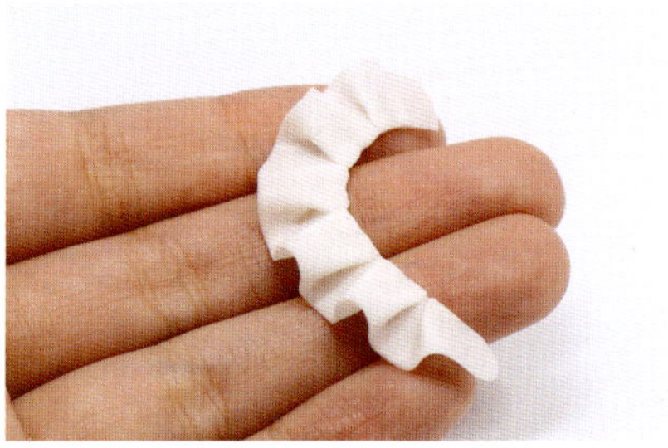

14.

将长条来回折叠。

15.

做成一条弧形花边。

16.

如图将花边粘在背后衣服上。

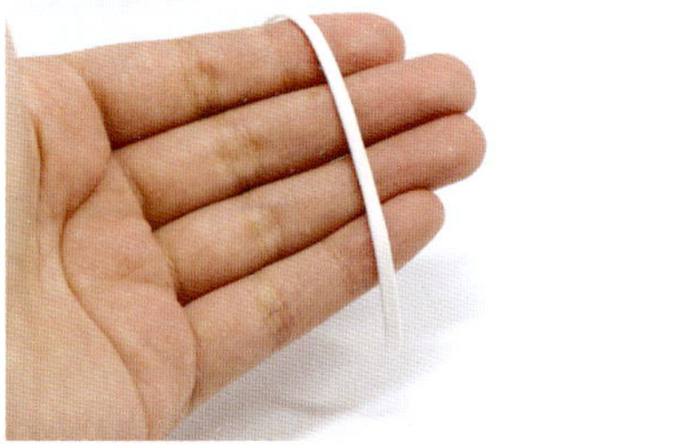

17.

搓一根细条并压扁。

18.

用细条盖住连接的缝隙。

19.

用素材土捏出泡泡袖，并用丸棒按压。

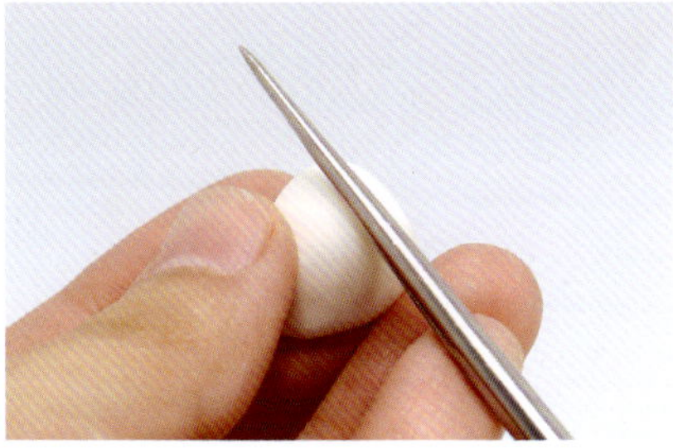

20.

用细节棒压出褶子。

21.

正面展示。用同样方法再做一个。

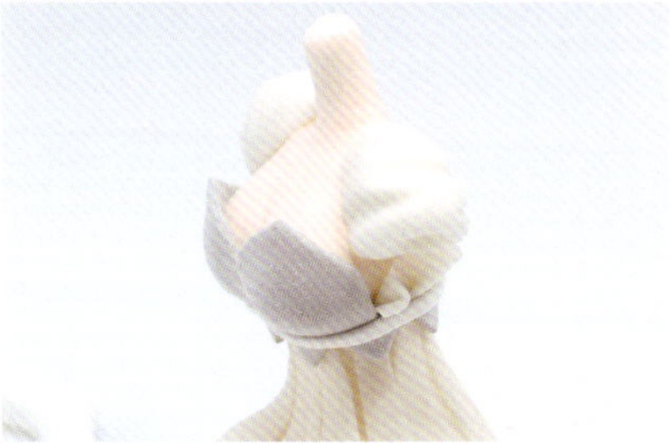

22.

把袖子装在肩膀两侧。

23.

搓一根细条压扁并修剪。

24.

照图示做出领子。

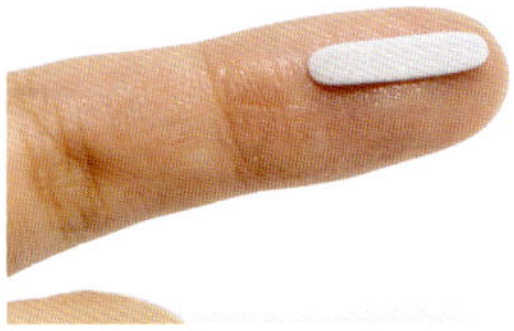

25.

用加了银光粉的黏土搓一根细条并压扁。

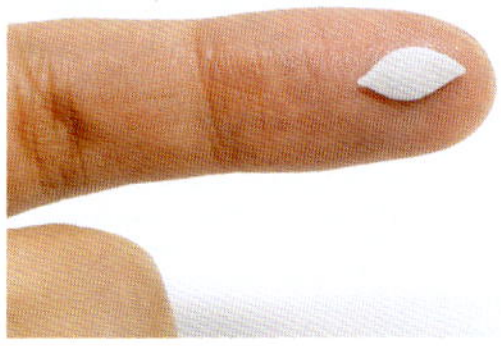

26.

再捏一个纺锤形，并压扁，做成叶子。

27.

用塑料刀压痕。

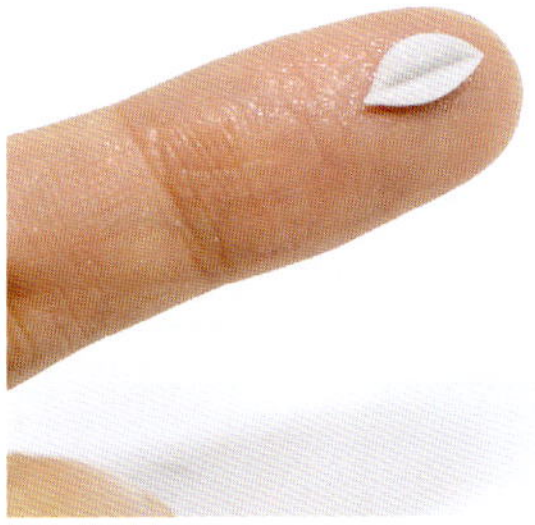

28.

效果展示。用同样方法再做出几片叶子。

29.

把长条卷起来，与叶子拼接成玫瑰花。用同样方法再做出一朵花。

30.

将玫瑰花分别装在领口处。

头部、手的制作

1.
在纸上设计出面部表情。

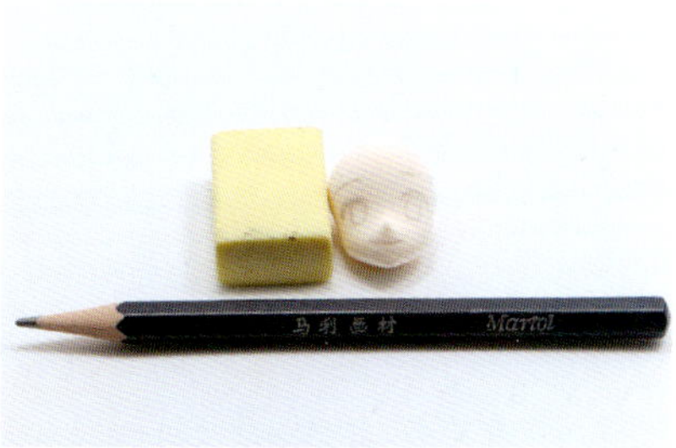

2.
用软性铅笔在头部打底。

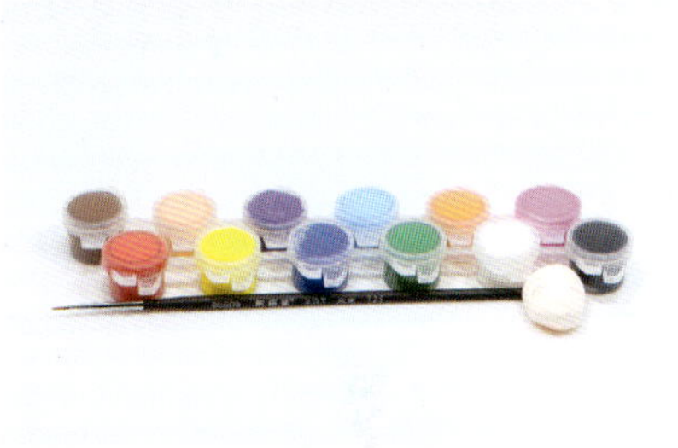

3.
用丙烯颜料上色。

4.
用黑色勾轮廓。

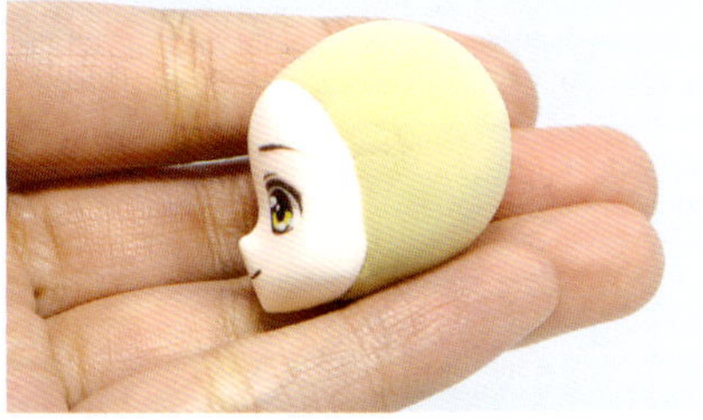

5.
画好脸后用淡黄色黏土包后脑勺。

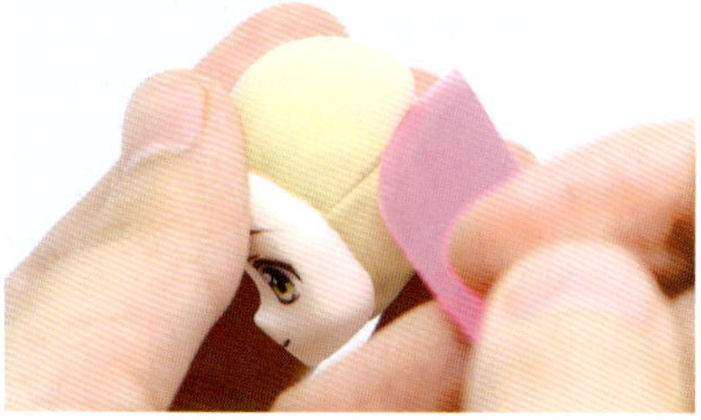

6.
如图，用塑料刀压出一条刀痕。

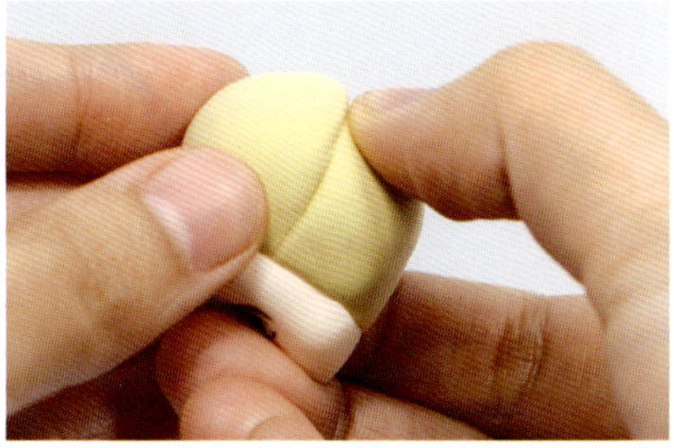

7.
用大拇指按压刀痕下方。

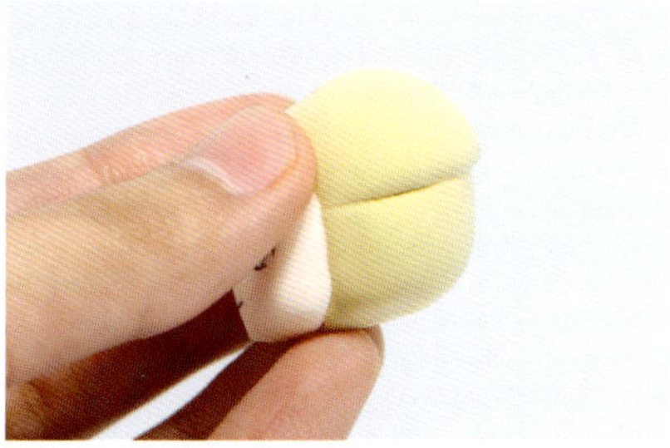

8.
注意刀痕上下方要有高度差。

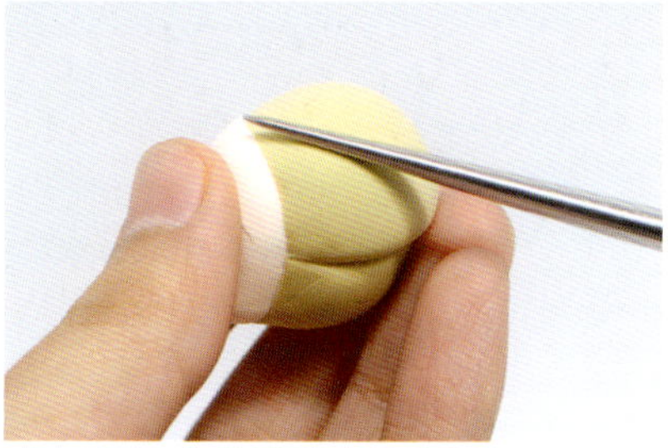

9.
用细节棒压出头发纹理。

10.

头发纹理效果图。

11.

将头和身体连接起来。

12.

做出纺锤形发片稍压扁，再把细的一端剪齐。

13.

用细节棒压出纹理。

14.

发片展示。根据需要多做几片。

15.

如图，在刀痕下方贴上发片。

16.

注意发片要有蓬松感。

17.

发片长度要超过臀部。

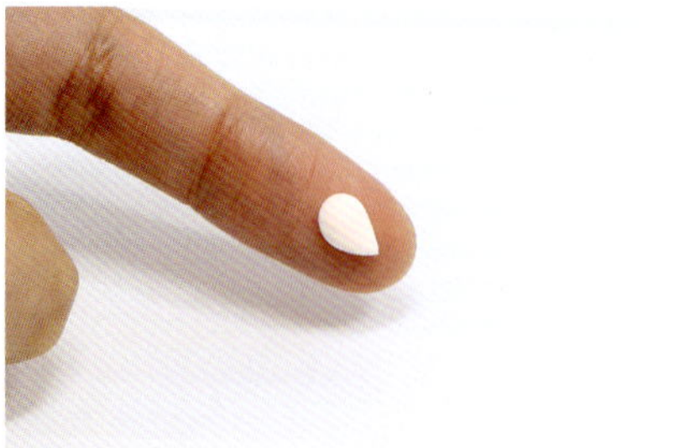

18.

捏出耳朵。

19.

紧贴发片粘上耳朵。

20.

做出小的发片，从额头两边向内贴出刘海儿。

21.

刘海儿细节展示。

22.

贴出中间的刘海儿。

23.

做出纺锤形发片。

24.

用细节棒压上纹理。

25.

将发片对折，让尖部相连。

26.

做一大一小两条发片，照图示重叠在一起。

27.

照图示将对折发片和大小发片粘在头顶位置。

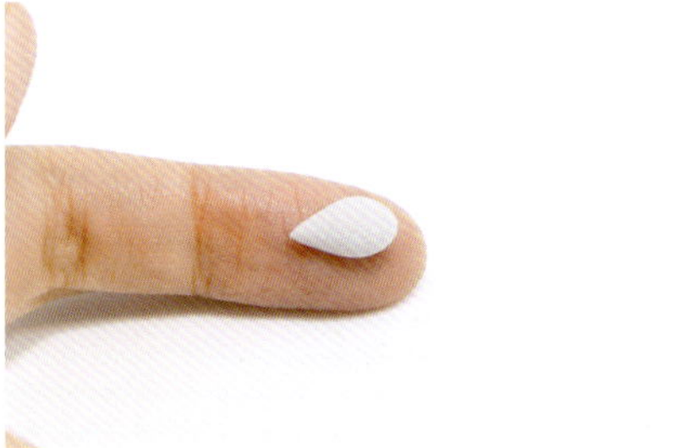

28.

用加了银光粉的黏土做一个水滴形并压扁。

29.

用塑料刀压痕。

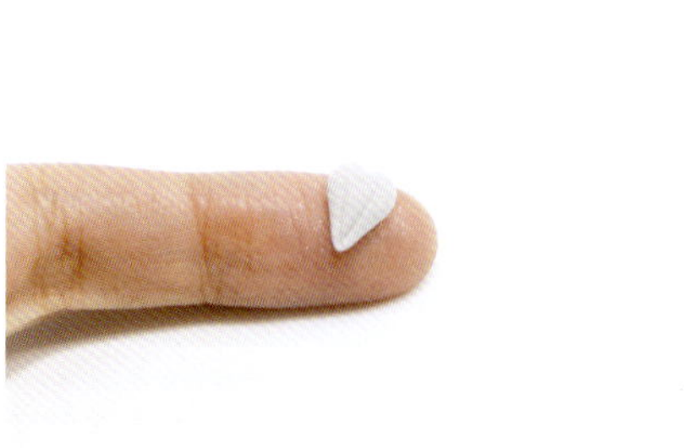

30.

做成桃心形花瓣。

31.

再做四片桃心形花瓣，如图将花瓣全部拼接在一起。

32.

中间粘上珠子或塑料水钻。

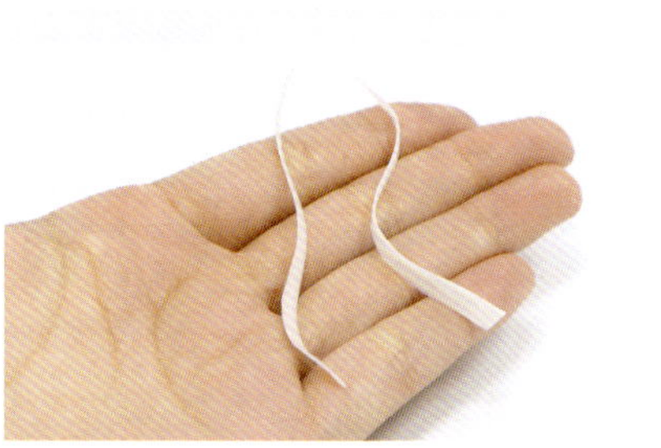

33.

用素材土做出飘带。

34.

如图将花朵和飘带粘在头发上。

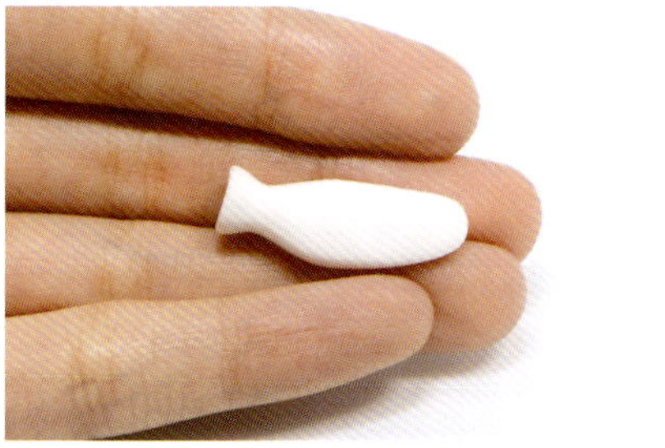

35.

做出手的大致形状。

36.

用剪刀剪出手指。

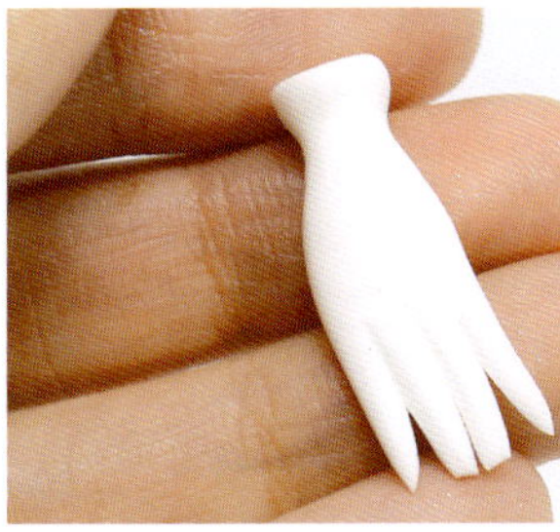

37.
剪出分明的四根手指。

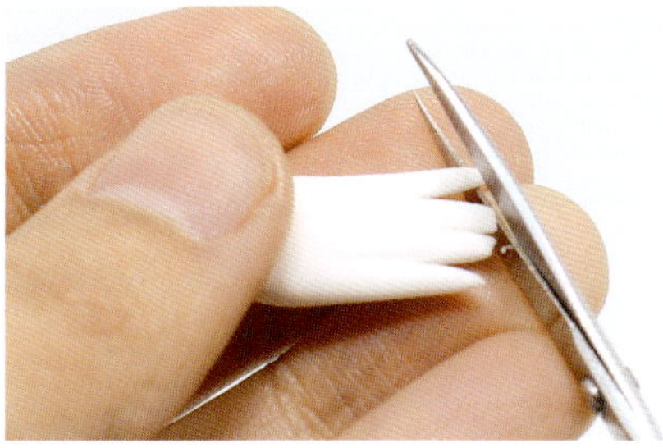

38.
修剪手指尖。

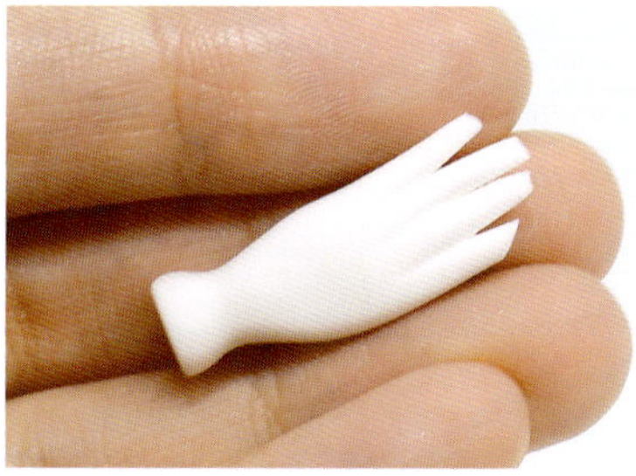

39.
修剪完成图。

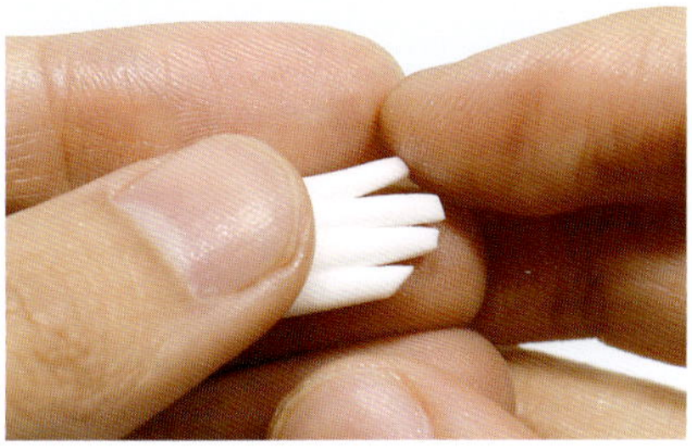

40.
用手指按压，修整尖凸部分。

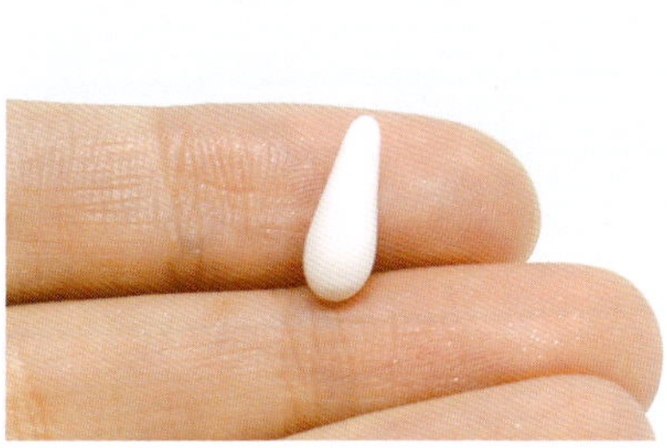

41.
捏出大拇指。

42.
装上大拇指。

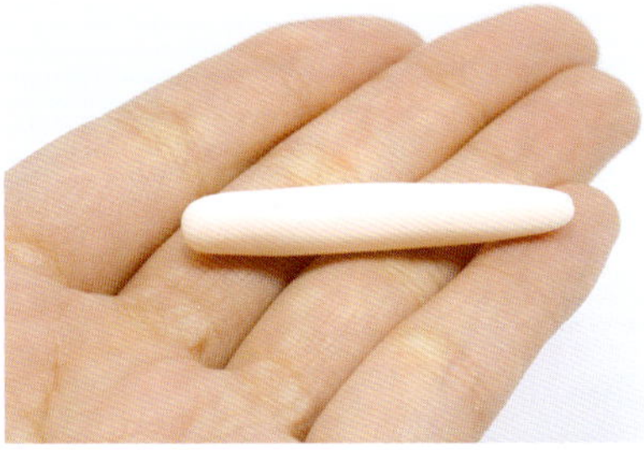

43.
捏出手臂。

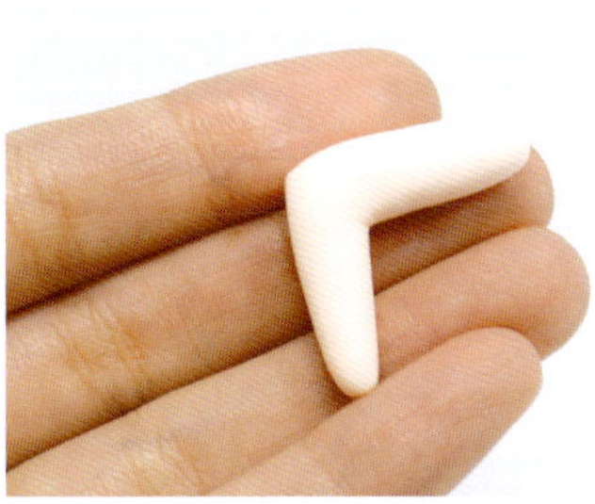

44.
弯折出手肘。

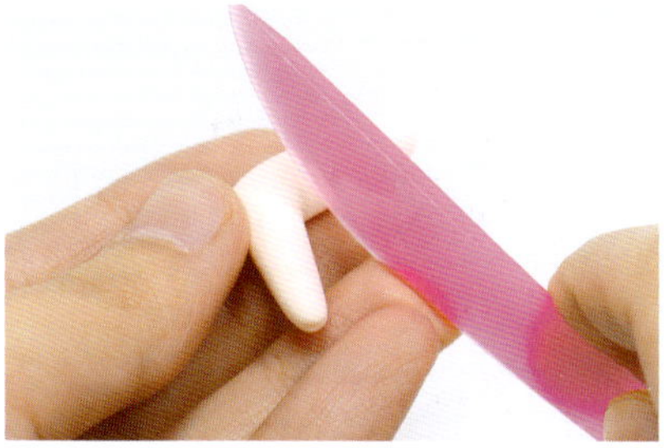

45.
用塑料刀压出折痕。

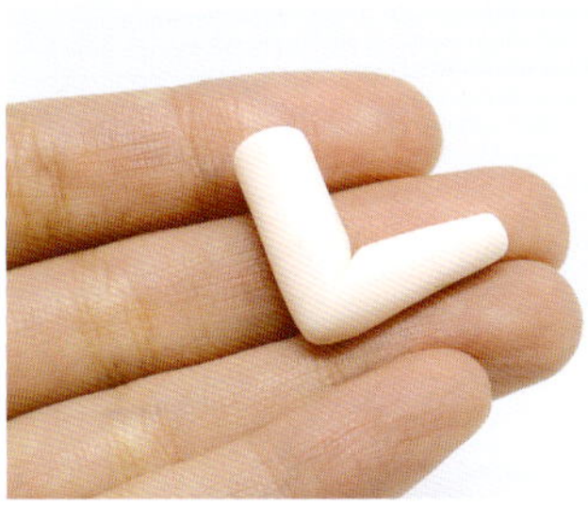

46.
手肘完成。

47.
再做出一只手臂。将手臂与手连接后，分别组装在身体上。

48.
捏一个圆锥。

49.

用丸棒压圆锥底部，压出碗状凹洞。

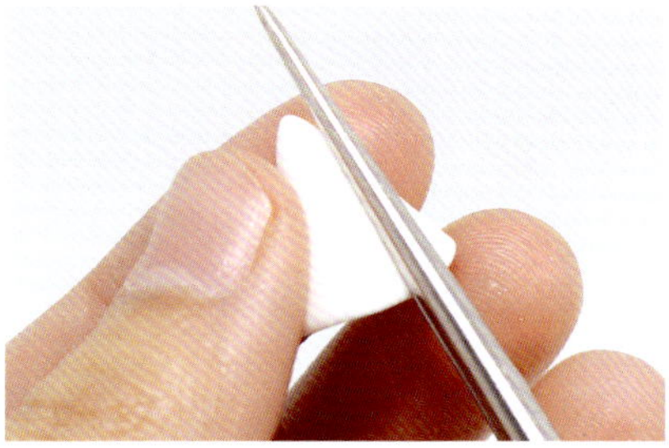

50.

用细节棒压侧面。

51.

效果图。

52.

做出几朵玫瑰花和一些叶子，如图放进凹洞。

53.

将玫瑰花束粘在手上。

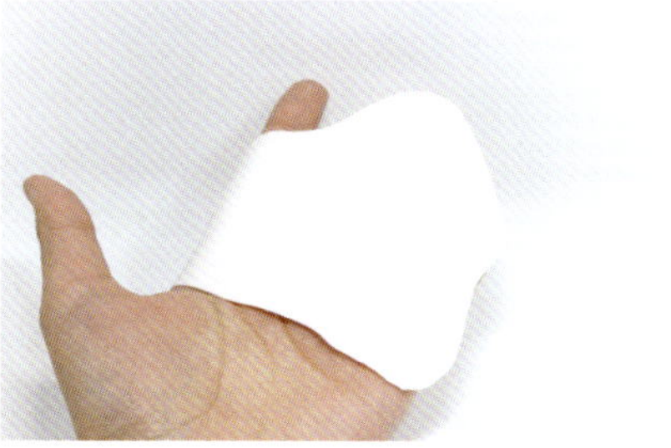

54.

将素材土擀成薄片。

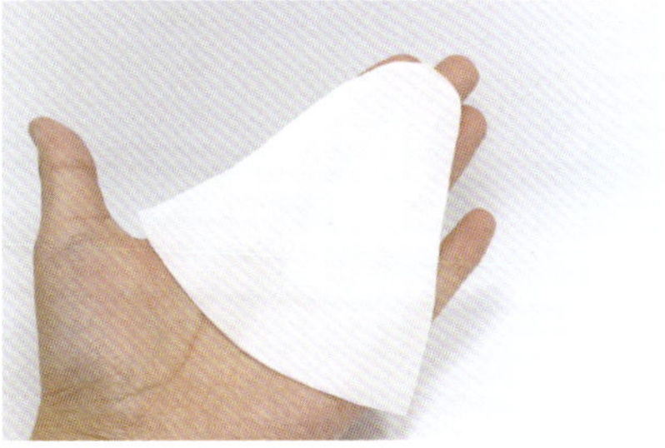

55.

修剪成扇形。

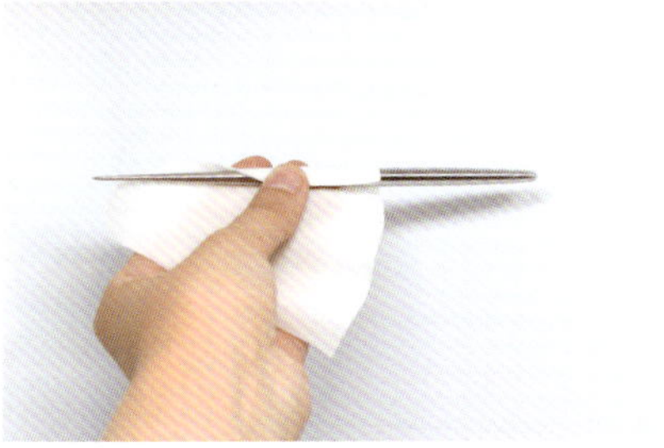

56.

用细节棒卷出褶子。

57.

将它盖在头发上，并用两个手指捏住多余部分。

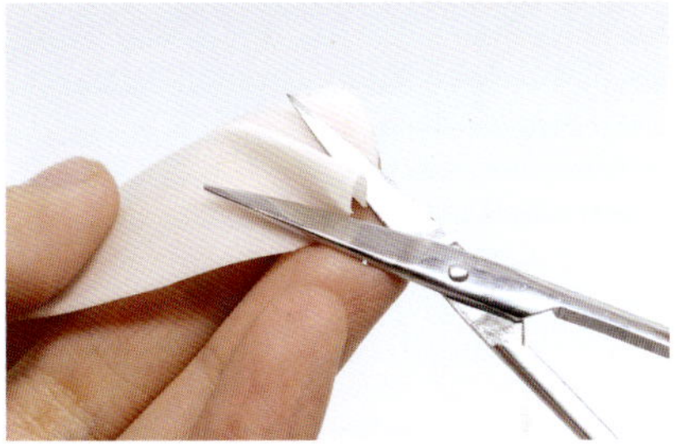

58.

用剪刀剪掉多余部分后，粘到头发上。

59.

侧面展示。

60.

正面展示。

61.

用金属线穿珠。

62.

装在头发上做装饰。

63.

串珠要盖住剪刀痕迹。

64.

完成图展示。

底座的制作

1.
用浅黄色黏土捏一个椭圆。

2.
压扁并剪成椭圆片。

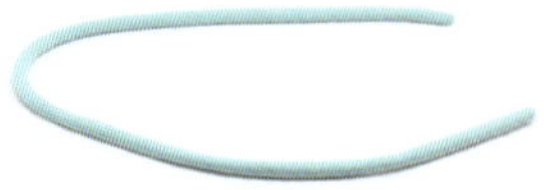

3.
搓一根细条。

4.
把细条包在椭圆片外围。

5.
用塑料刀向内压痕。

6.
底座完成图。

7.
组装完成图。

第七章　雪见

底座石台的制作

1.

将干掉的废泥如图组合摆放。

2.

将黑色黏土擀成皮，包裹废泥，再用塑料刀划上纹理。

3.

用黑色丙烯颜料上色。

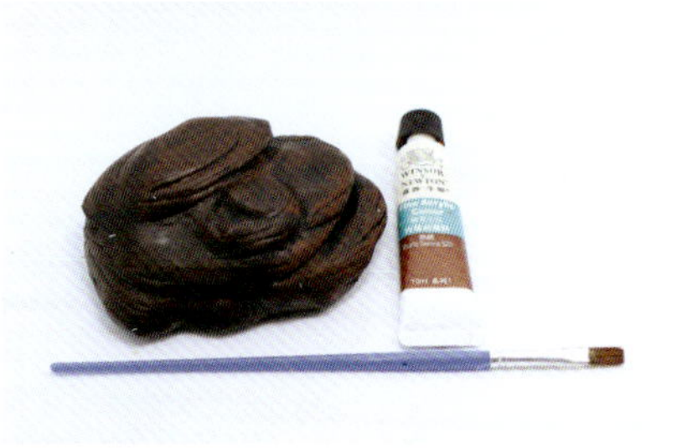

4.

用赭石色丙烯颜料在表面大致上色（裙子不上色）。

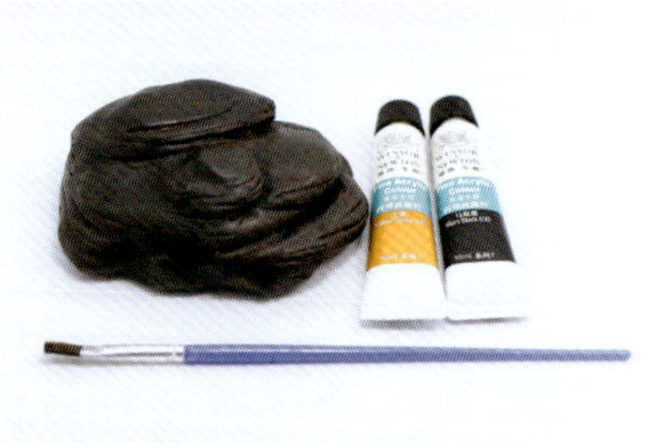

5.

用土黄色丙烯颜料混少量黑色丙烯颜料重点刷凸起的部分。

6.

用银色丙烯颜料大致干刷出棱角。

7.

在缝隙角落用白乳胶或酒精胶粘上色粉。

8.

完成图展示。

靴、腿、裙子的制作

1.

捏出靴子形状。

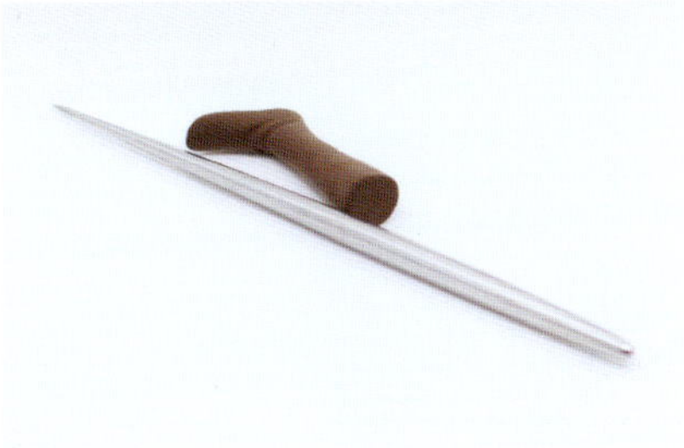

2.

用细节棒压出褶子。

3.

做出鞋底并粘好。

4.

靴子展示图。

5.

在靴筒外粘上一截白色黏土。

6.

用剪刀如图修剪出泥片。

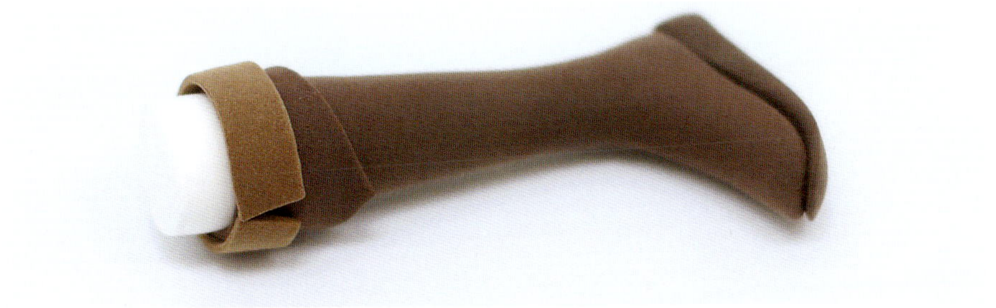

7.

在连接处粘上泥片。用同样方法再做出一只靴子。

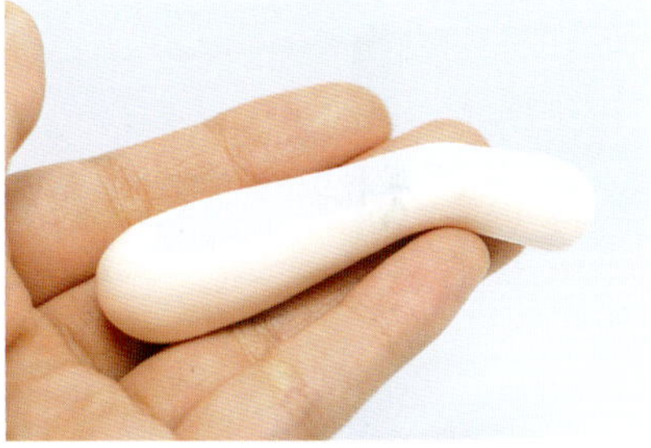

8.

捏出腿的形状。

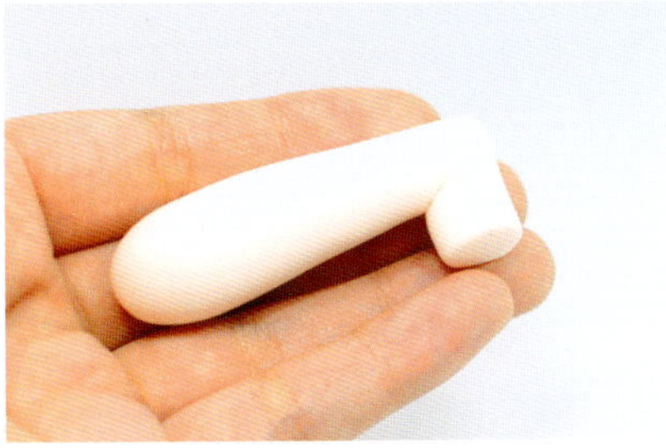

9.

弯折出膝盖。用同样方法再做出一条腿。

10.

将腿与靴子连接起来。

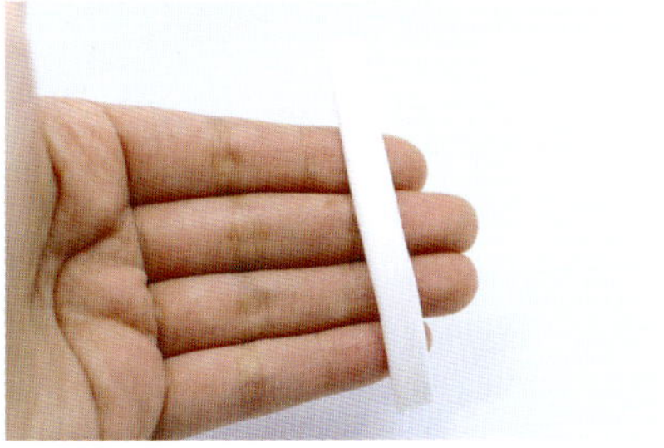

11.

捏一根白色长条并压扁。

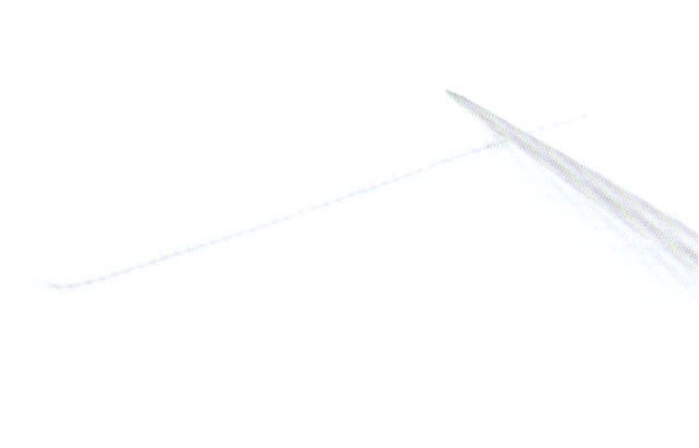

12.

用细节棒压出纹理。

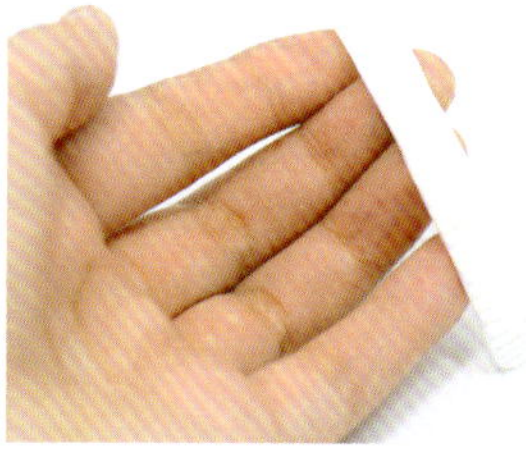

13.

纹理展示。

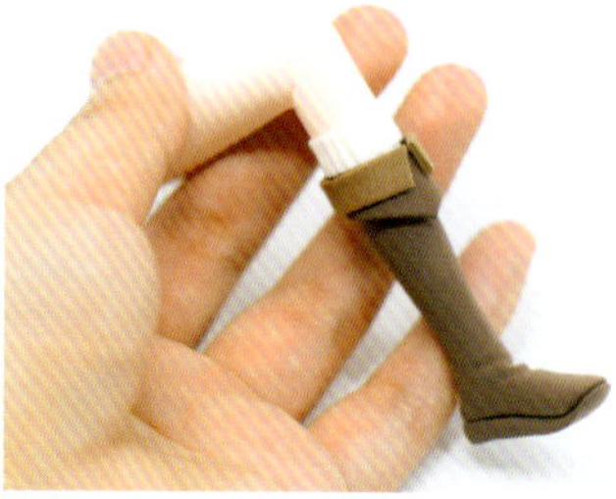

14.

如图贴在鞋子边缘。

15.

用白色半圆球做成内裤。

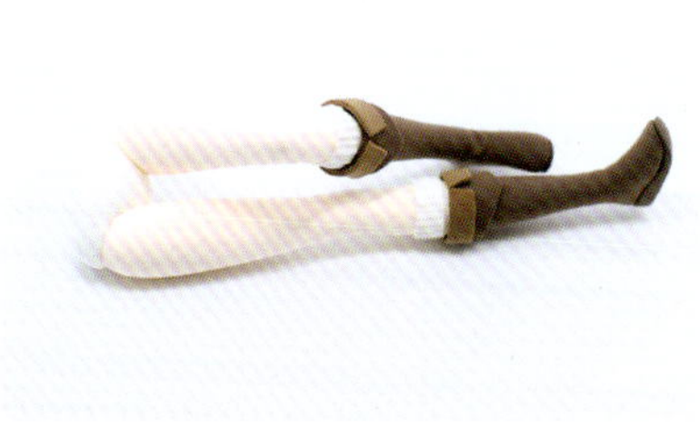

16.

将内裤与腿连接起来。

17.

修饰各个连接面。

18.

用塑料刀压痕。

19.

效果展示。

20.

做出白色薄片，修剪成扇形。

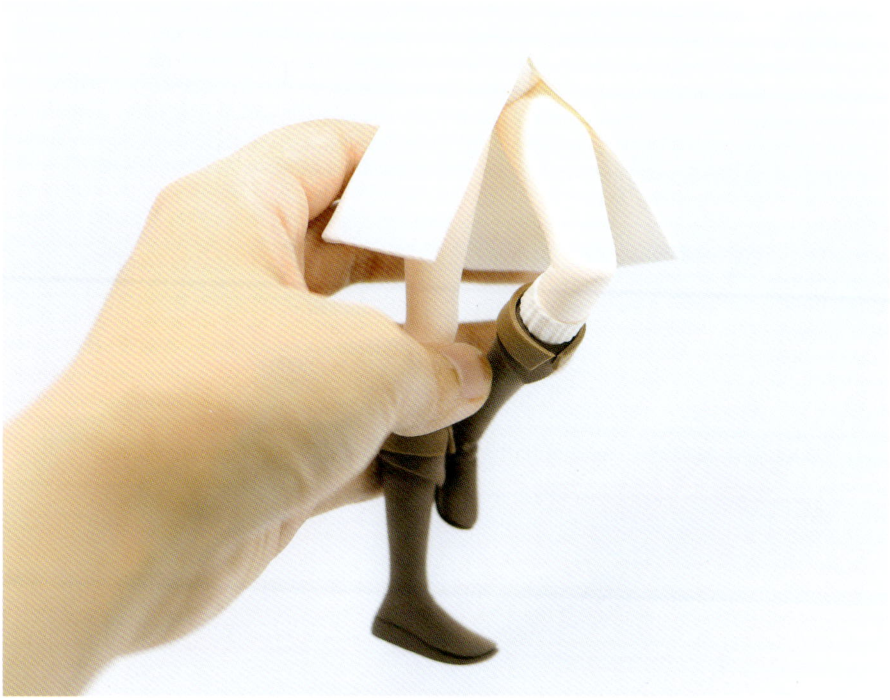

21.
把扇形如图包裹在下半身，做成衬裙。

22.
在衬裙背后剪开一个角。

23.
将橘黄色黏土擀成薄片。

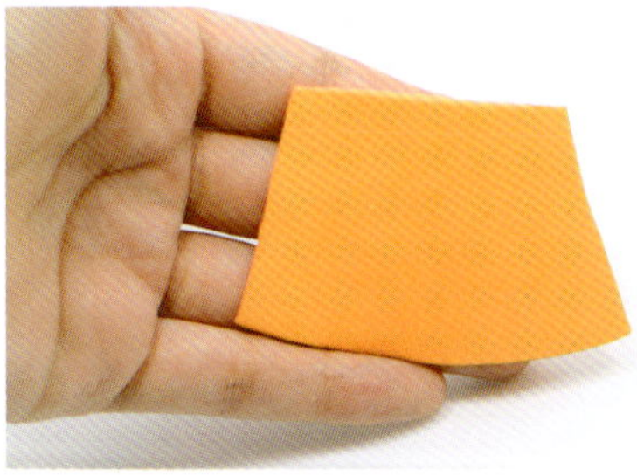

24.
用剪刀修剪成扇形。

25.
用手指翻折扇形，准备做褶子。

26.
用手指捏褶子。

27.
注意褶子线条的走向。

28.
捏第二条褶子。

29.
注意不要把线条做成平行的。

30.

继续做褶子。

31.

把它盖在白色衬裙上方，要轻微上翘，注意不要和底部白色衬裙粘在一起。

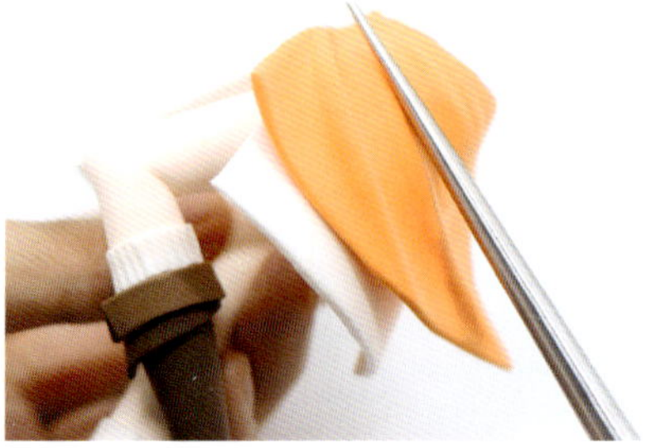

32.

用细节棒处理褶子细节。

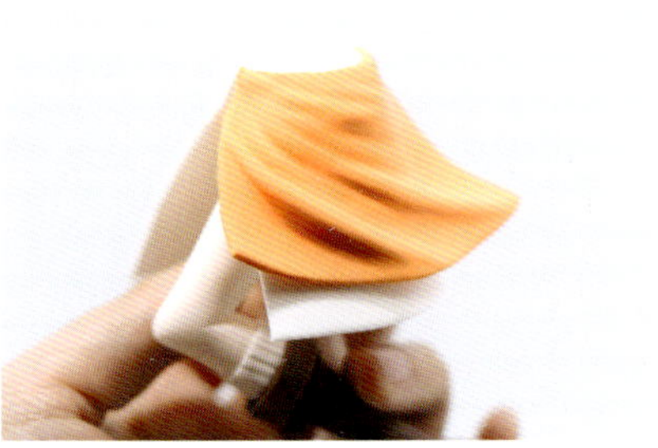

33.

褶子效果展示。

34.

搓条并压扁。

35.

如图包边。

36.

做出另一片扇形。

37.

用同样的方法做出褶子。

38.

要与前一片扇形的褶子方向相反。

39.

褶子效果展示。

40.

用细节棒增加褶子细节，然后包边。

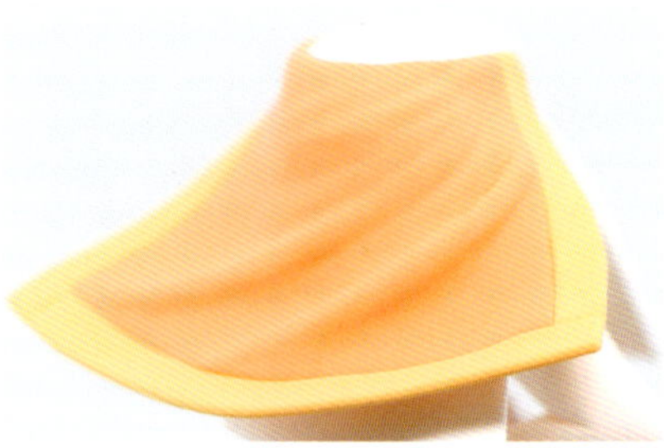

41.

效果展示。

42.

做出一个较长较窄的扇形，捏出褶子。

43.

用细节棒细化衣褶。

44.

效果图展示。

45.

将它粘在之前两片扇形的中间。

46.

剪掉多余部分，然后包边。

47.

将红色泥条压扁并修剪成长条。

48.

做成 S 形。

49.

将它们粘在后方的两侧。

50.

背面展示。

女体上身的制作

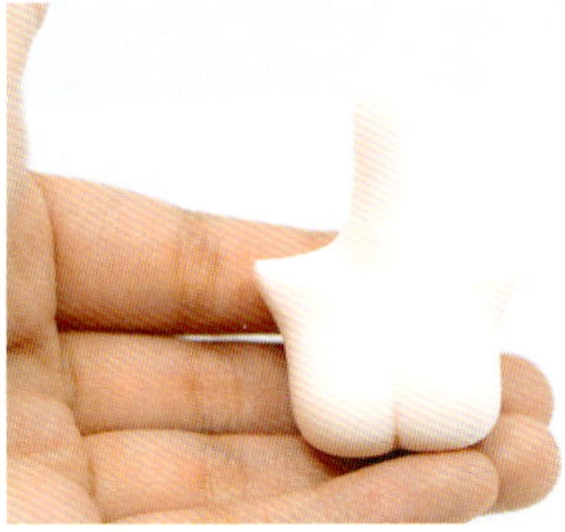

1.
做出一个女性胸部素体。

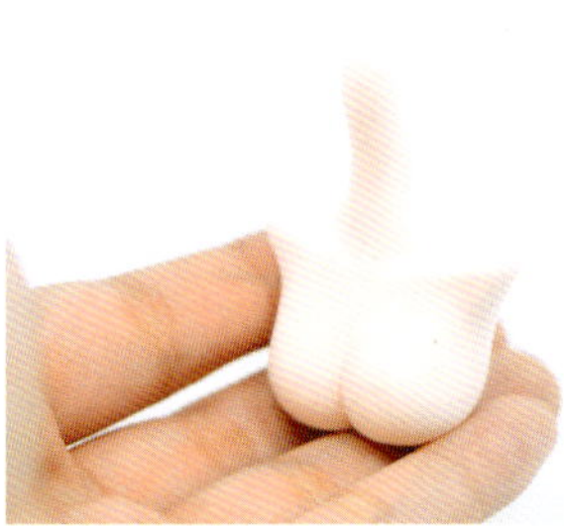

2.
斜侧面展示。

3.
做出白色薄片并剪成如图形状。

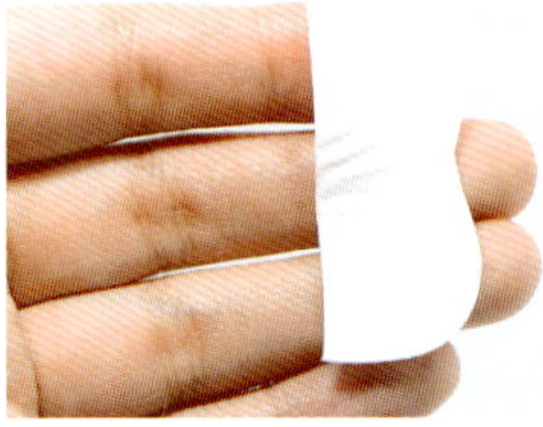

3.
在一边压出褶子。

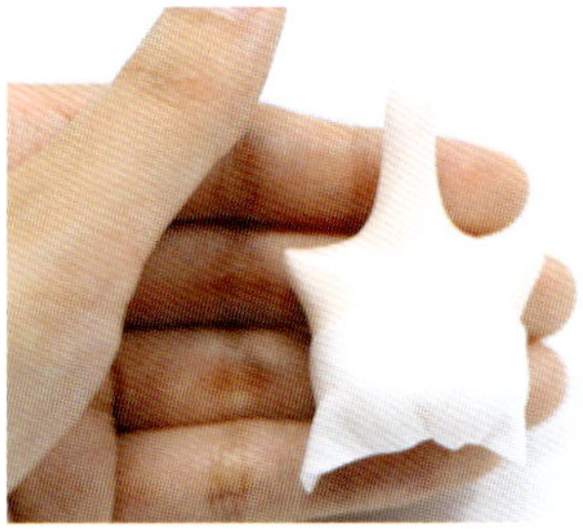

4.
用它包裹胸部。

5.
用剪刀修剪掉多余部分。

6.
做一张橘黄色薄片。

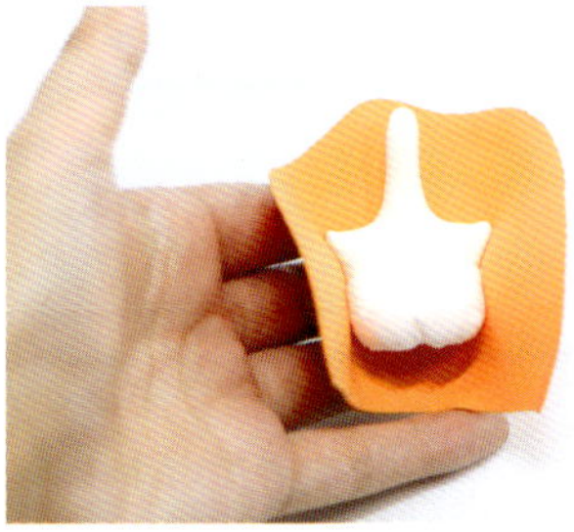

7.
从背后包裹。

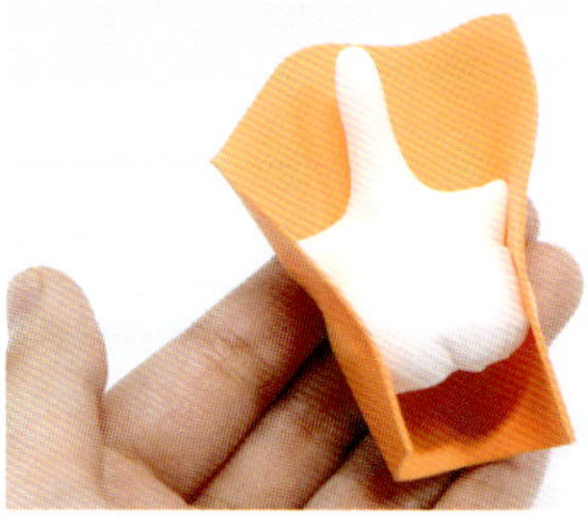

8.
剪掉两侧多余部分。

9.
包裹上身。

10.
如图剪掉多余部分。

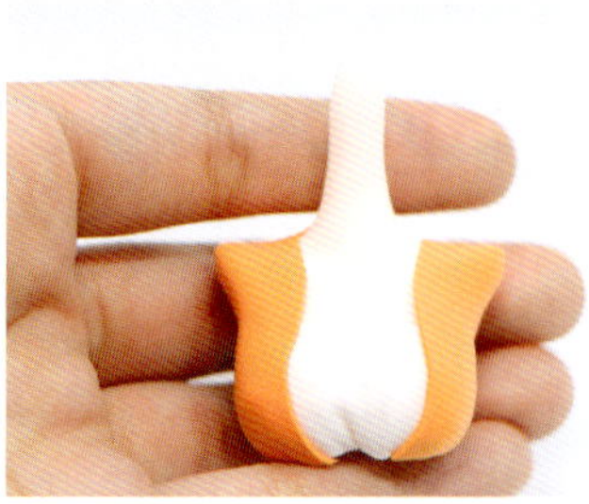

11.
正面展示。

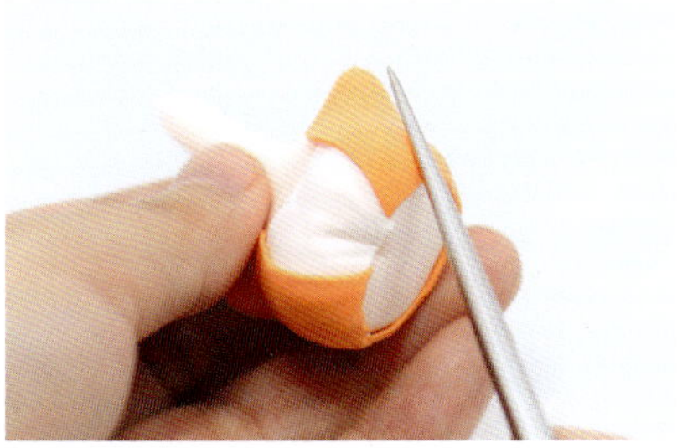

12.

用细节棒压出衣褶。

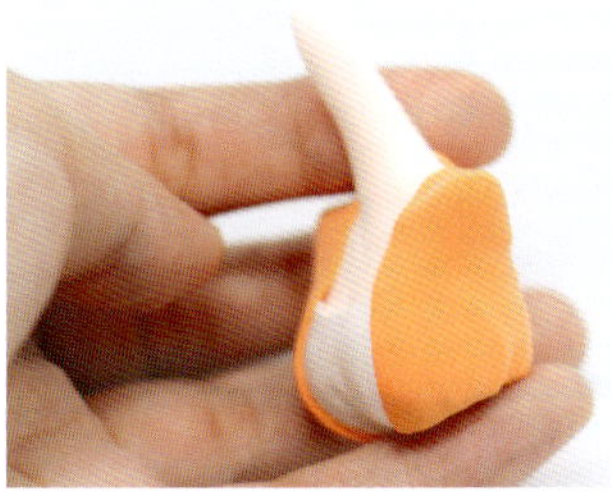

13.

侧面展示。

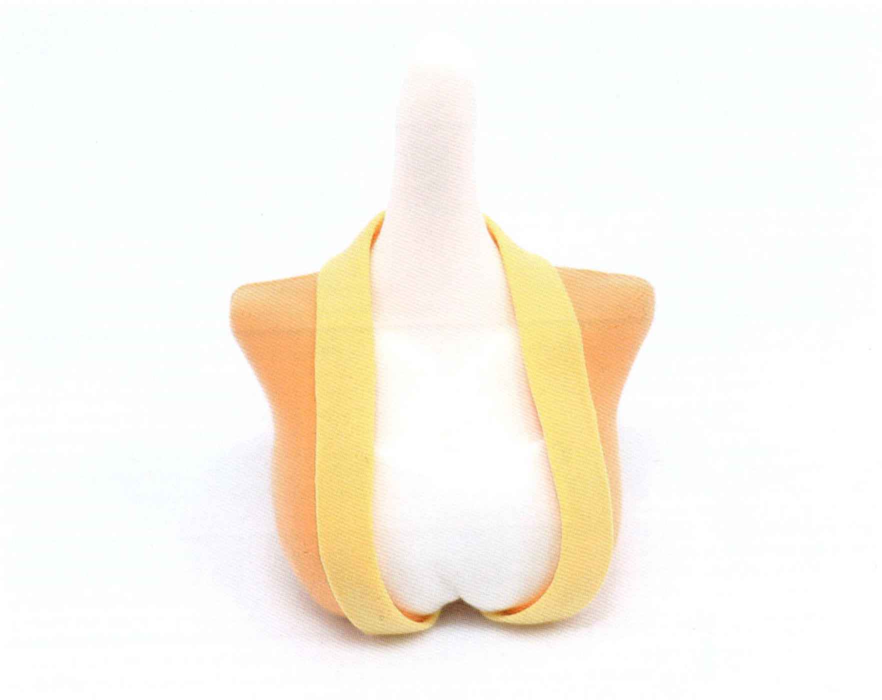

14.

用黄色薄片包边。

15.

用深红色黏土捏出腰部。

16.

将腰部与下半身连接起来。

17.

装上上半身。

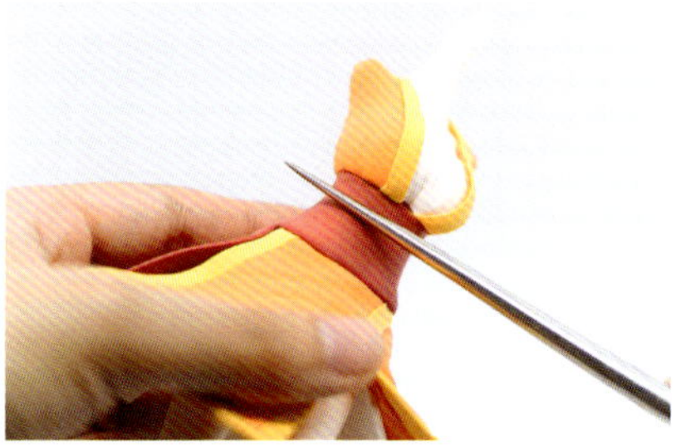

18.

用细节棒压出裙子。

19.

效果展示。

20.

侧面展示。

21.

用不同颜色的黏土分别搓条。

22.

将细条拧成麻花。

23.

压扁麻花。

24.

修剪麻花两端。用同样方法再做出一条。

25.

将它们分别粘在腰部的上、下接缝处。

手臂、手、武器的制作

1.

捏两个橘黄色圆锥形状。

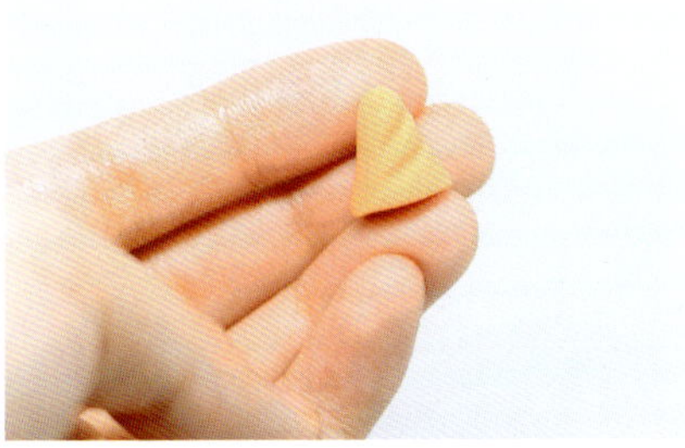

2.

用细节棒压上褶子。

3.

用黄色薄片包边。

4.

将它们粘在肩膀上。

5.

如图，做一个白色袖子。

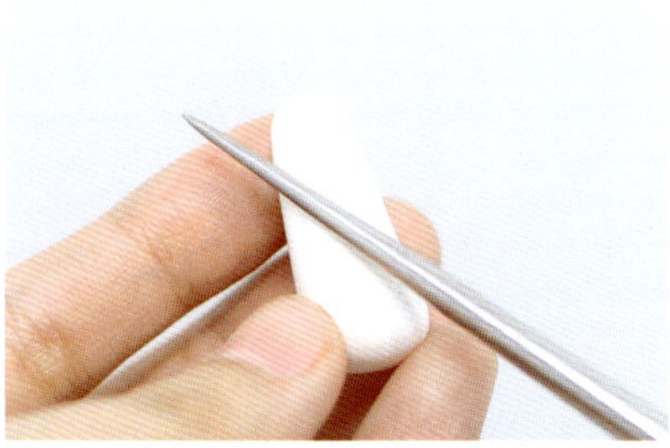

6.

用细节棒压出褶皱。

7.

效果展示。

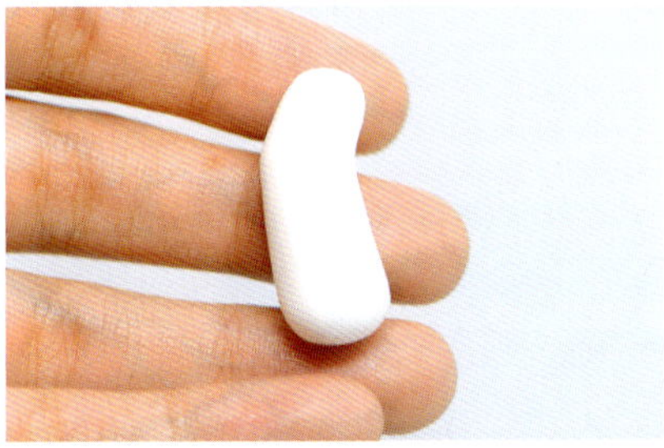

8.

略微弯折。

9.

组装上袖子。

10.

用同样的方法做出另一个袖子。

11.

效果展示。

12.

组装。

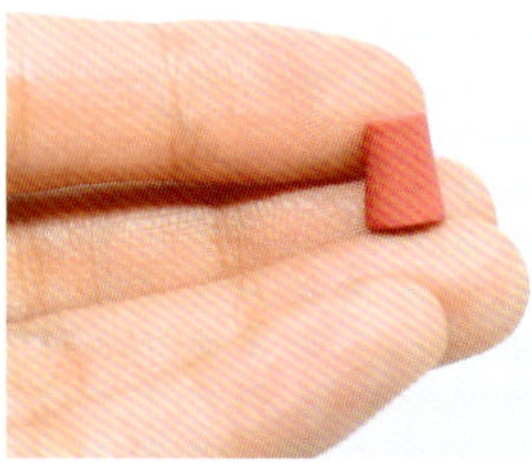

13.

捏一个红色圆柱。

14.

用塑料刀压出纹理。

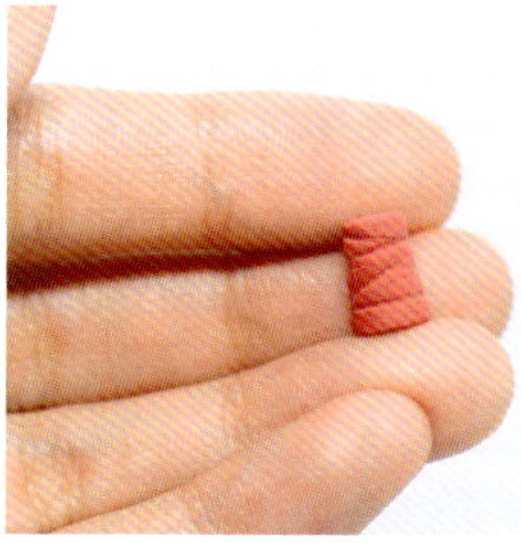

15.

效果图。用同样方法再做出一个。

16.

分别组装在袖子上。

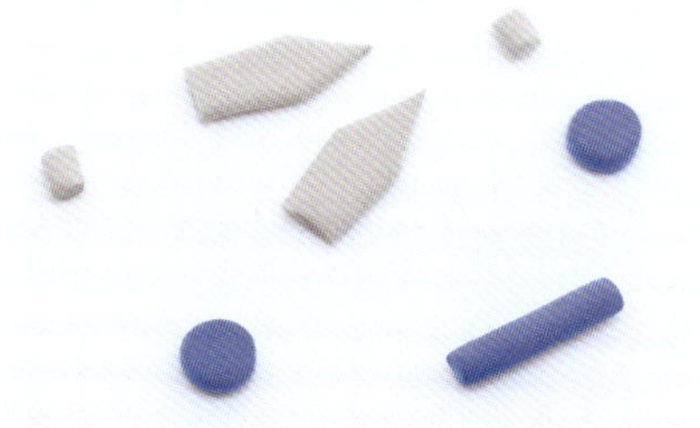

17.

如图做出武器的各个部件。

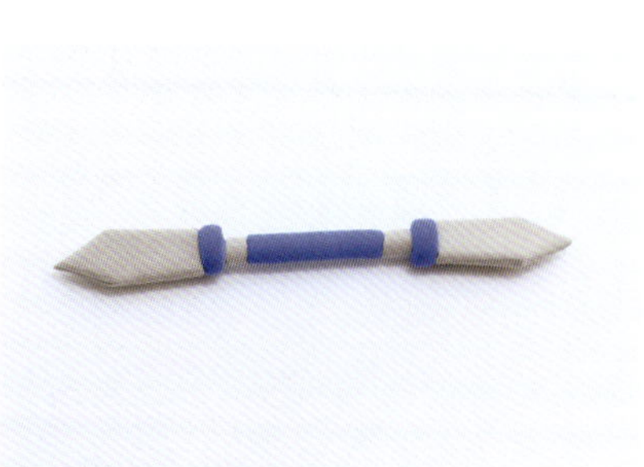

18.

照图示组装起来。

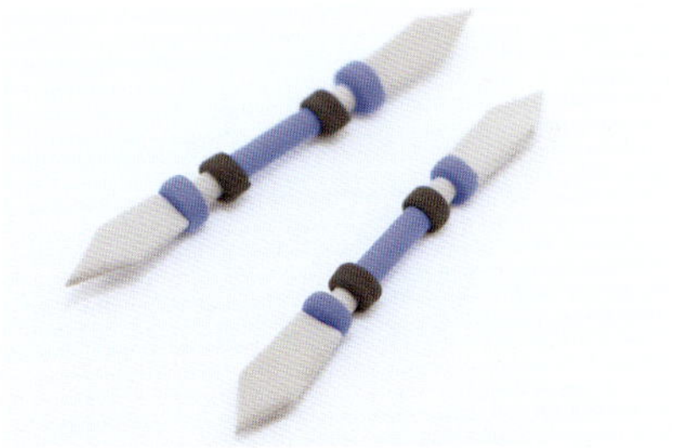

19.

再做出一个一样的武器。

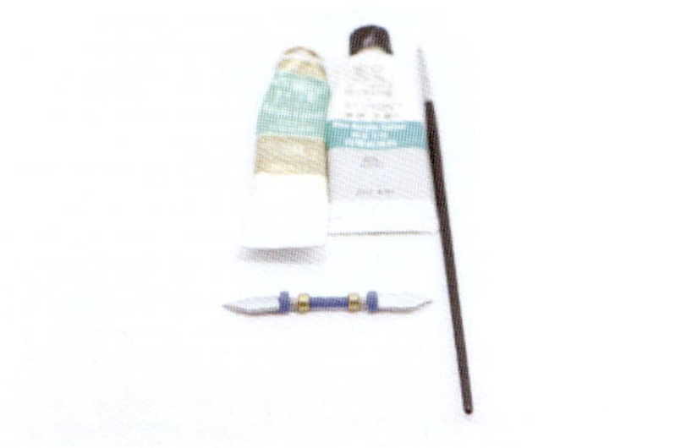

20.

用金、银两色丙烯颜料上色。

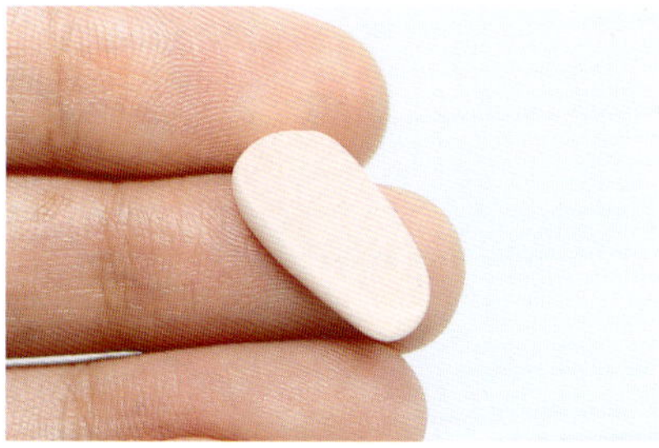

21.

用肉色黏土捏出手的形状。

22.

剪出四根手指，如图握住武器。

23.

做出大拇指，如图握住另一边。

24.

做出另一只手，握住武器。将手同身体组装起来，效果如图。

脸、头发、发饰的制作

1.
在纸上设计出面部细节。

2.
用软性铅笔打底。

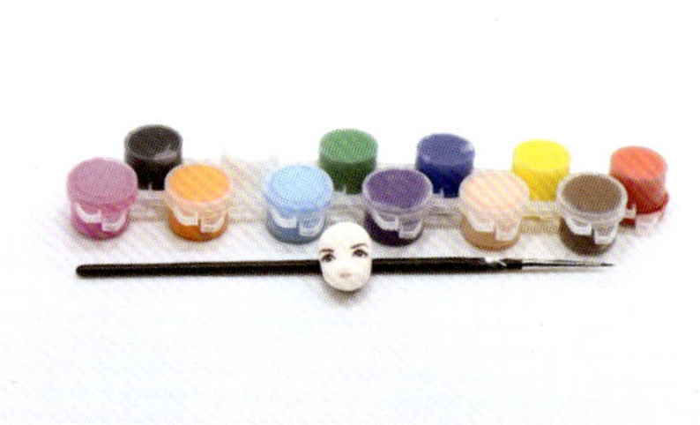

3.
用丙烯颜料和面相笔上色。

4.
添加少许粉色。

5.
刷在脸庞两侧，充分晕染。

6.
绘制完成。

7.
用深色黏土包住后脑勺。

8.
侧面展示。

9.
做出耳朵并装上。

10.

将头、身体与底座连接起来。

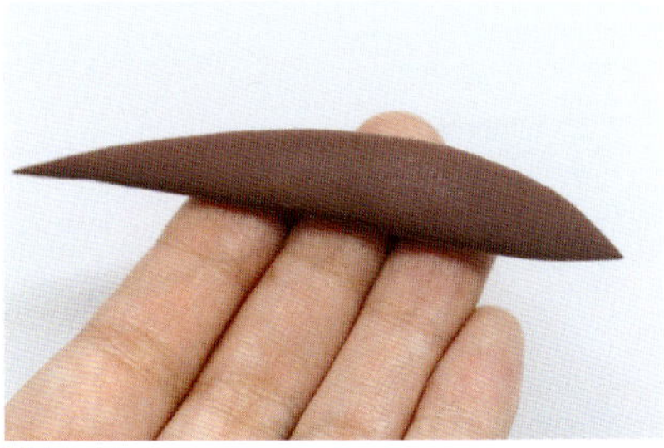

11.

做出纺锤形发片并压扁。

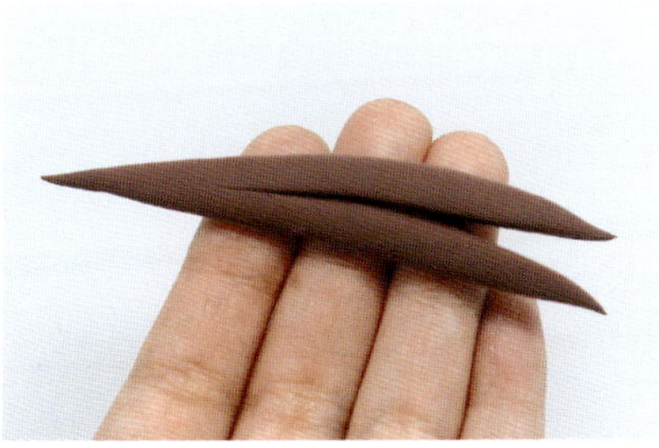

12.

用剪刀剪开发梢。多做几片。

13.

贴出第一层发片。

14.

注意 S 形发片要呈蓬松飘逸状。

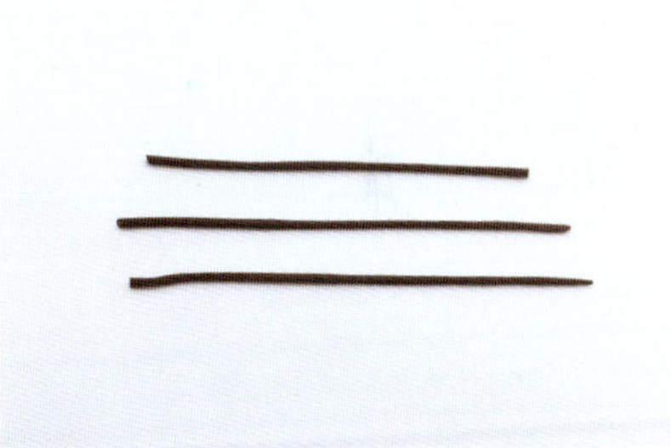

15.

做出三根细条。

16.

将三根细条交错编成辫子，并剪成两截。

17.

做出圆柱形发饰粘上。

18.

如图做出发梢粘上。

19.

搓四根细条，包裹发饰与头发连接处。

20.

将辫子粘在耳后。

21.

做出两根短的发片贴在耳后，如图垂在肩上。

22.

贴出第二层发片（位置在后脑勺一半处）。

23.

贴出头顶的小发片，注意小发片要包住上半个后脑勺。

24.

侧面展示。

25.

从额头两侧向中间贴刘海儿。

26.

贴好刘海儿。

27.

做出小圆球，划上纹理，做成发髻。

28.

粘上发髻，高度如图所示。

29.

正面展示。

30.

将泥片剪出如图形状。

31.

用泥条包边。

32.

如图添加装饰。

33.

装饰完成效果图。

34.
如图在正面上色并绘制图形。

35.
如图绘制背面图形。

36.
装上发饰。

37.
注意发饰位置。

38.
如图做出顶部的发饰部件。

39.
围绕发髻如图组装发饰并上色。

背景木窗的制作

1.

将蓝色泥饼剪成圆形，粘上黄色圆形泥片，做成月亮。

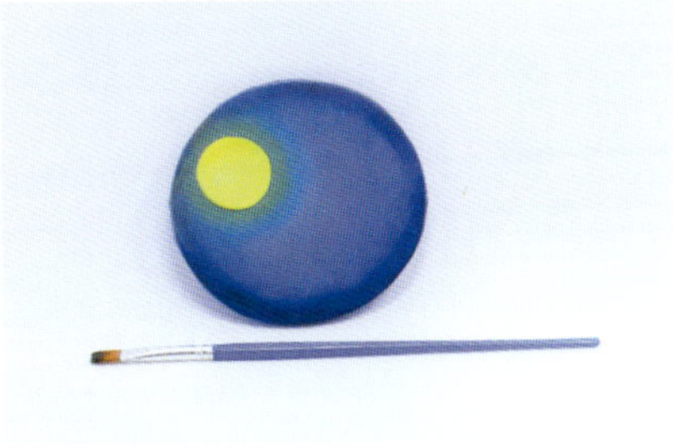

2.

用色粉上色修饰。

3.

将褐色泥条稍压扁。

4.

如图粘贴出木窗花纹。

5.

用粗泥条包边。做两个小圆柱放置在底部。

6.

用金属棒固定。

7.

完成图。

第八章　爷爷

男上身素体的制作

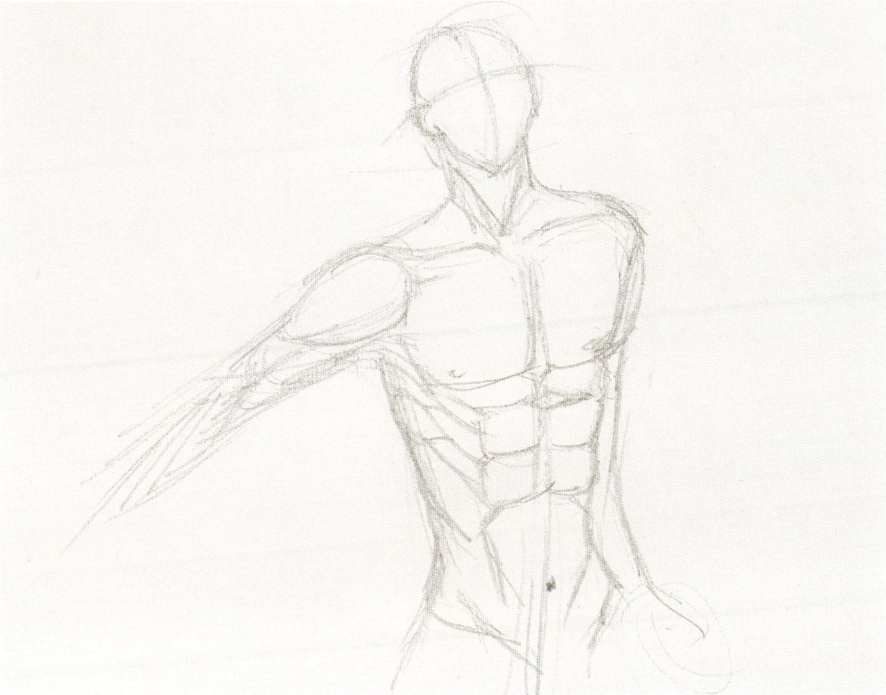

1.

设计出人物动态及肌肉线条。

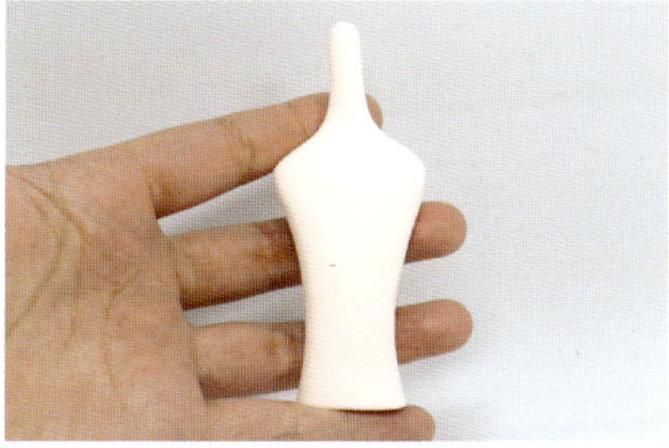

2.

捏出一个素体的大致轮廓。

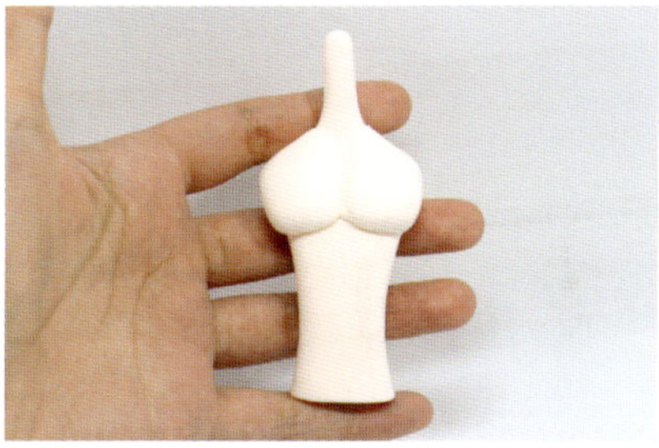

3.

贴上胸肌。

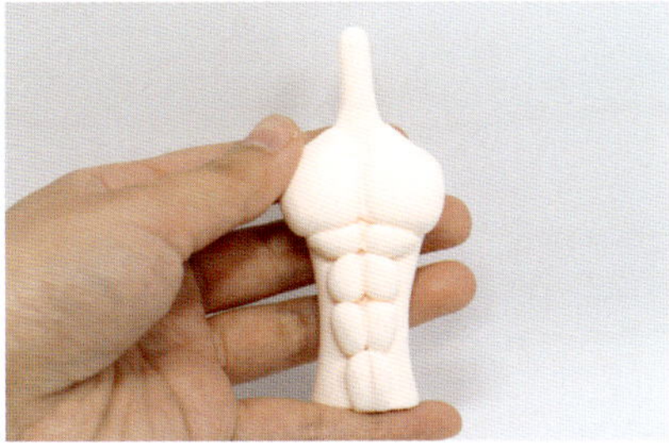

4.

贴上八块腹肌。

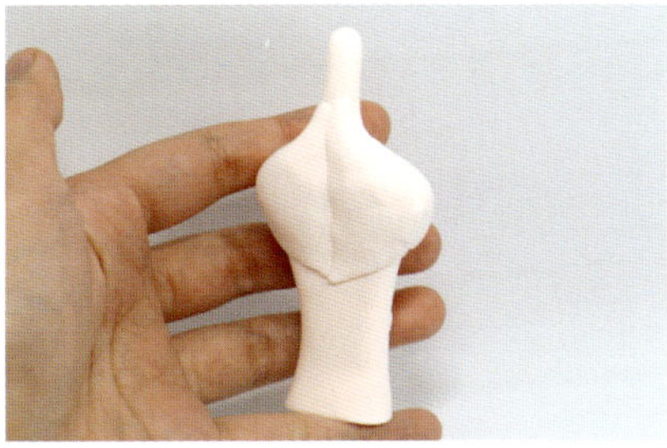

5.

贴背部肌肉。

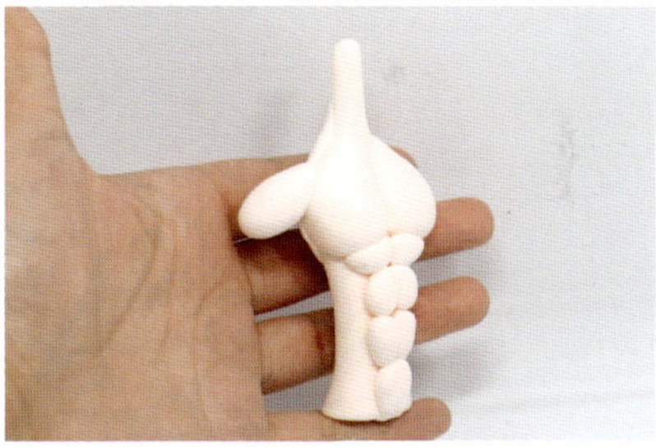

6.

粘上肩膀上的肌肉。

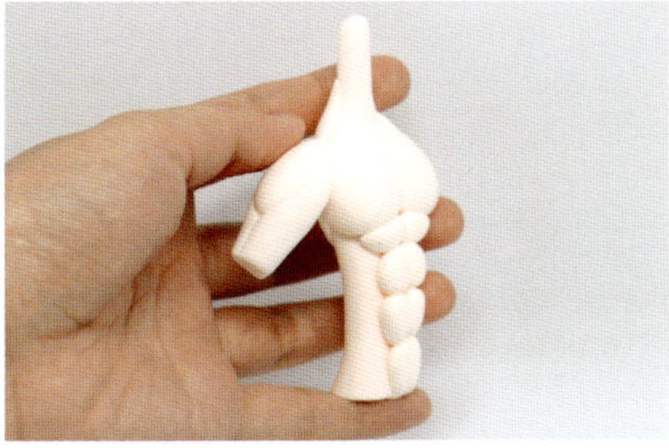

7.

粘上肩膀。

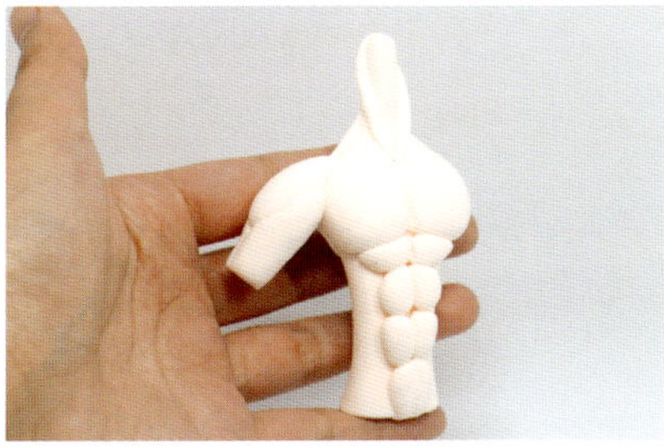

8.

粘上脖子两侧的肌肉。

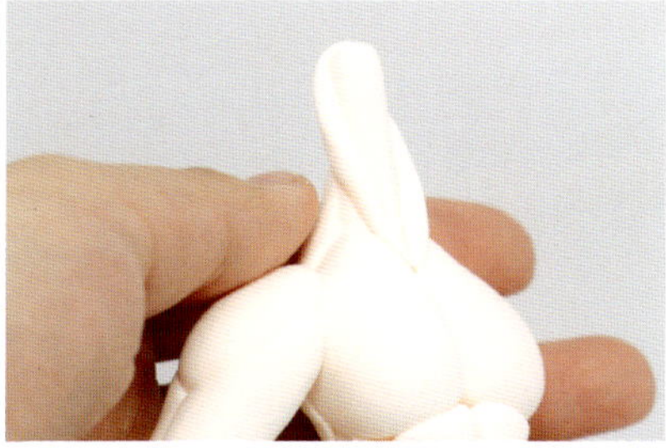

9.

注意脖子的细节。

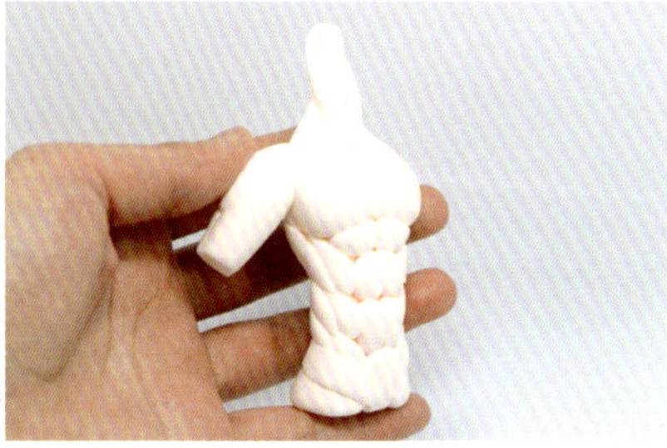

10.

如图贴上腰肋部肌肉。

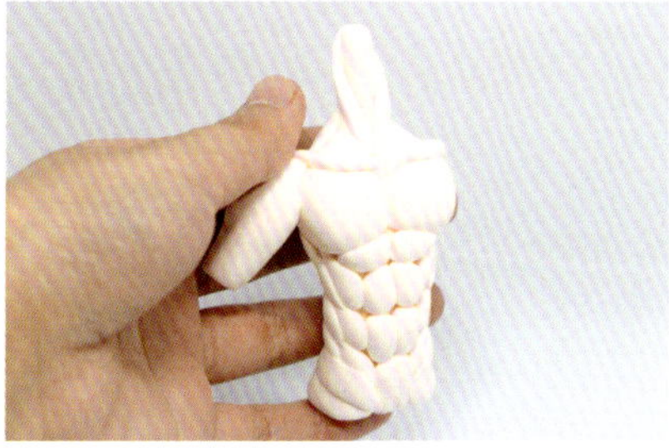

11.

粘上锁骨线条，素体完成。

12.

擀一张大泥片。

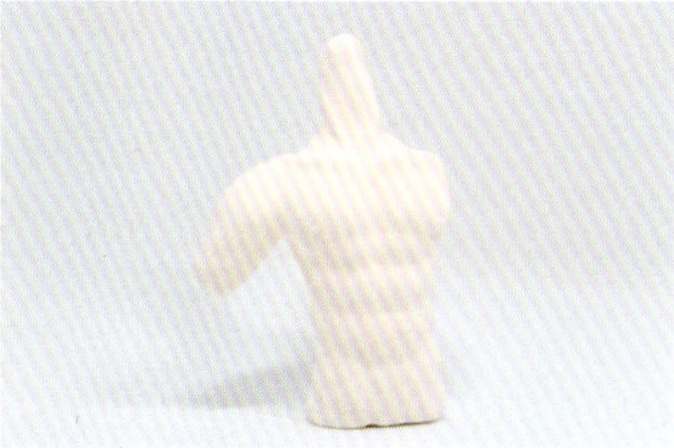

13.

晾干素体后，用泥片包裹素体，把连接缝隙留在背后，并做出乳头效果。

14.

可用软头笔加深肌肉轮廓。

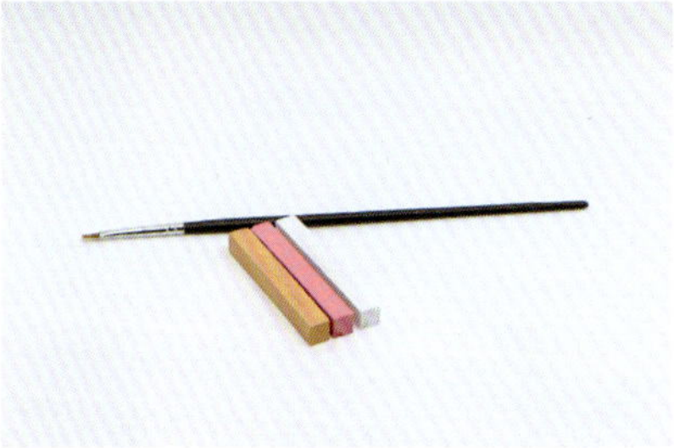

15.

添加色粉。

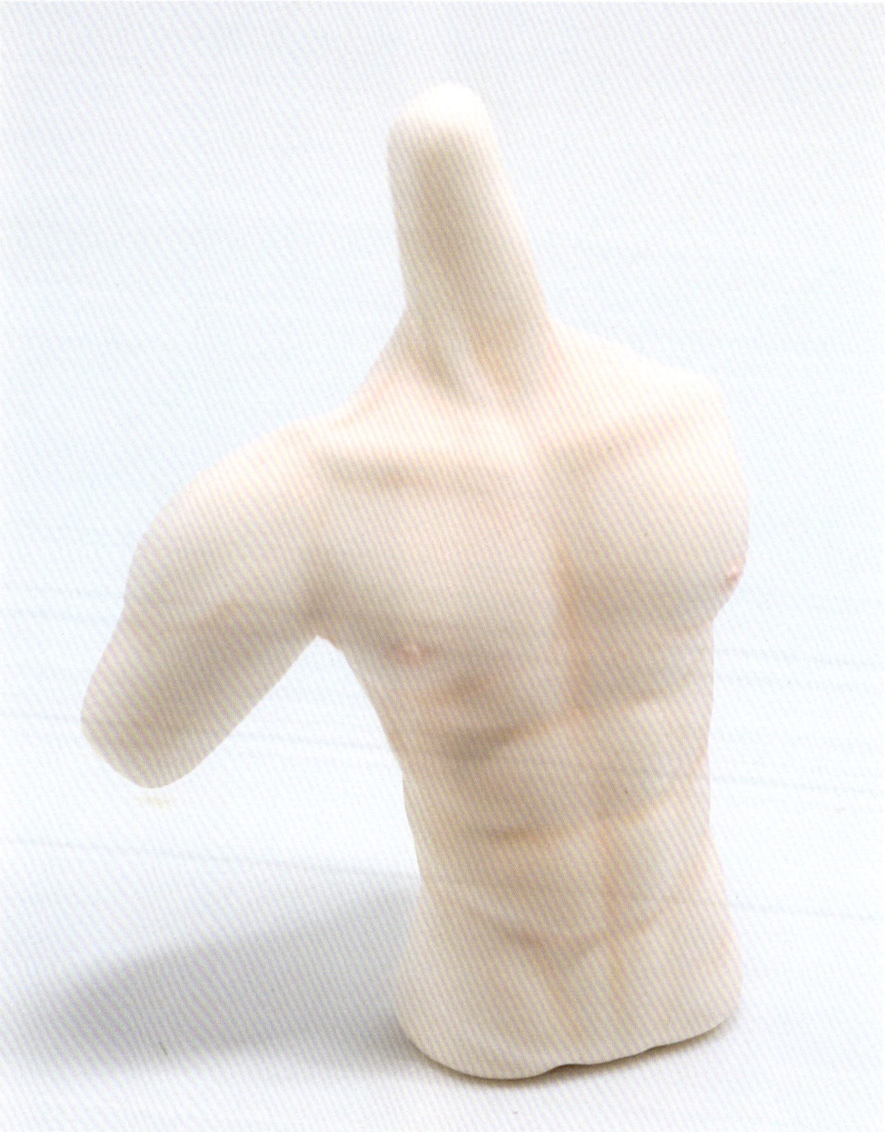

16.

用色粉加深肌肉线条轮廓。

上身服饰的制作

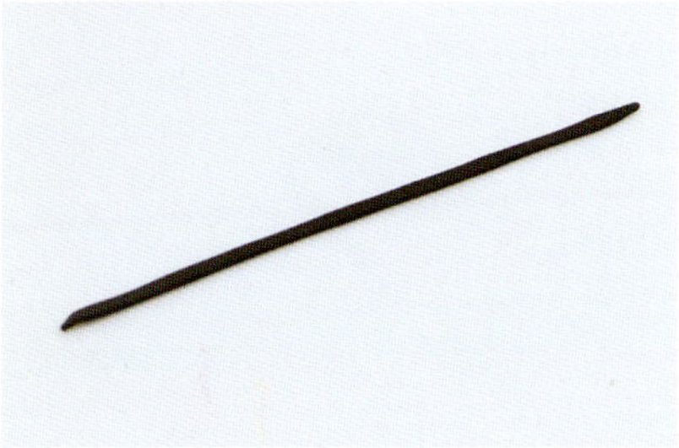

1.

将黑色泥条压扁。

2.

如图贴出护肩及领口。

3.

背面展示。

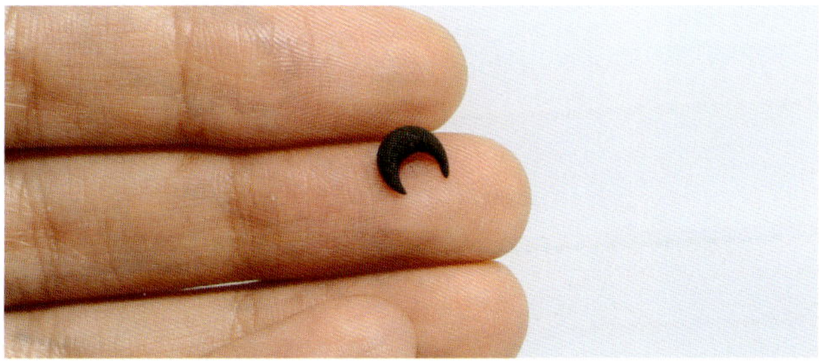

4.

捏出一个小月牙，粘在领口。

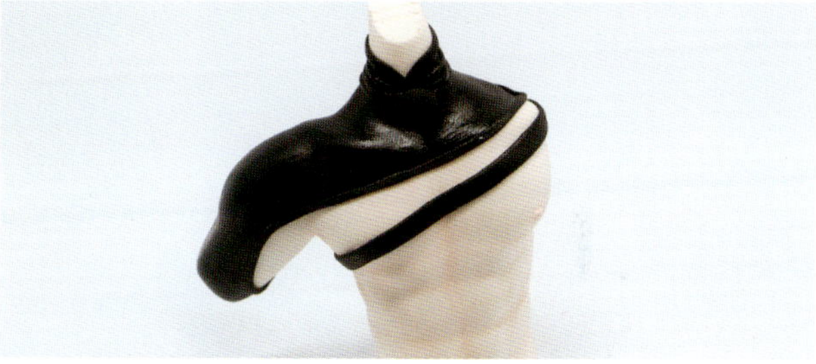

5.

用黑色丙烯颜料涂出护肩，再用金色颜料涂月牙和领口下方的两道细线。

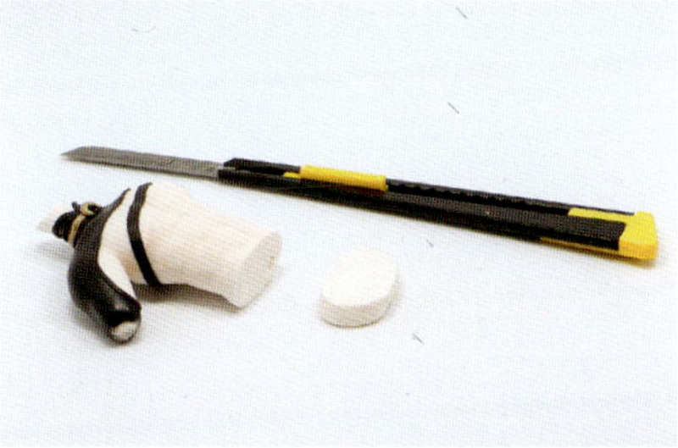

6.

用刀子切掉上身的多余部分。

7.

擀一张白色薄片。

8.

如图，用薄片包裹一半身体。

9.

剪掉多余部分。

10.

效果图。

11.

剪掉下面多余部分。

12.

用工具撑开衣服，并做衣褶。

13.

效果图。

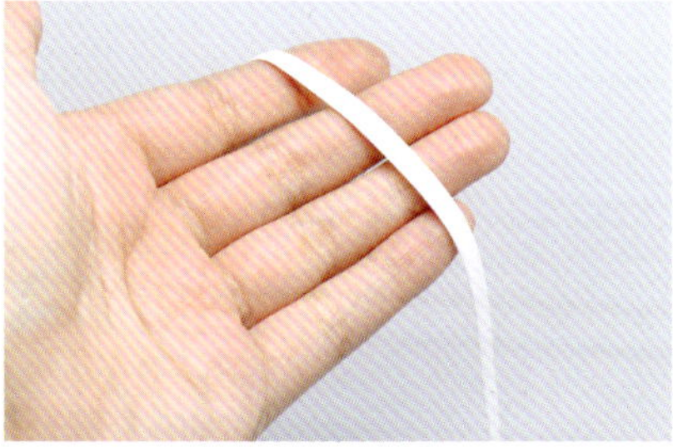

14.

捏一根白色泥条并压扁。

15.

将衣服包边。

16.

擀一张深蓝色泥片，并修剪成如图形状。

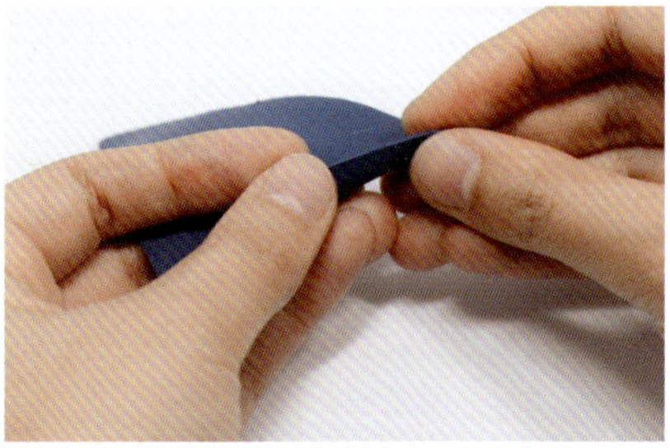

17.

折叠做出衣褶。

18.
捏出多层衣褶。

19.
进一步修整衣褶。

20.
衣褶效果图。

21.
把它盖在后背的白色衣服上。

22.
如图修剪一张泥片。

23.
做褶子。

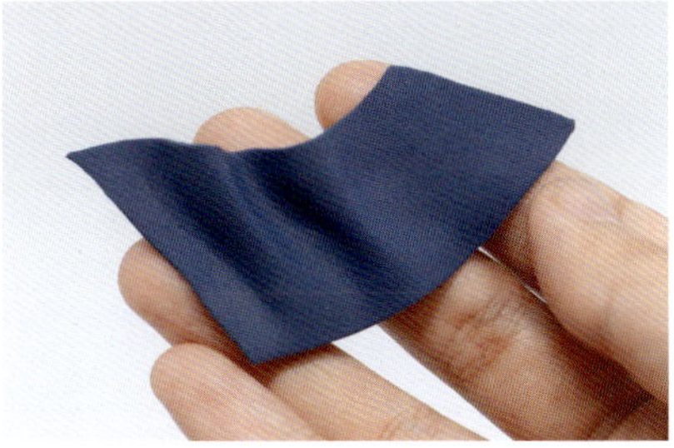

24.
效果如图。

25.
如图贴在相应位置。

下身、下身服饰及底座的制作

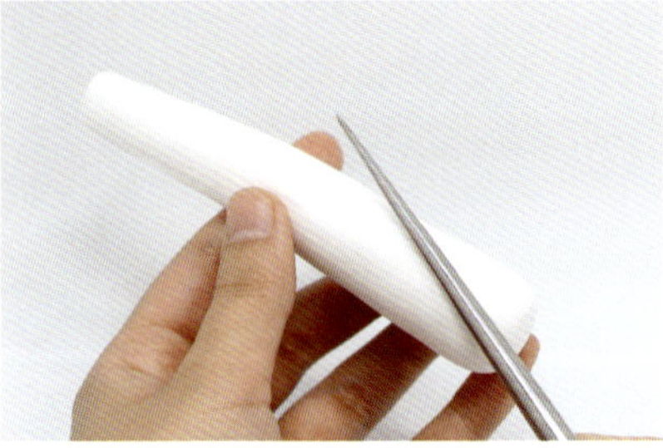

1.

捏一个白色圆柱做成腿，注意要一端大一端小。

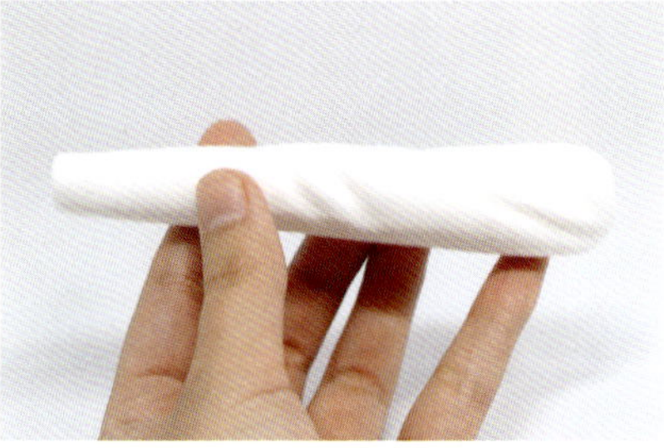

2.

用细节棒压出褶子。用同样方法做出另一条腿。

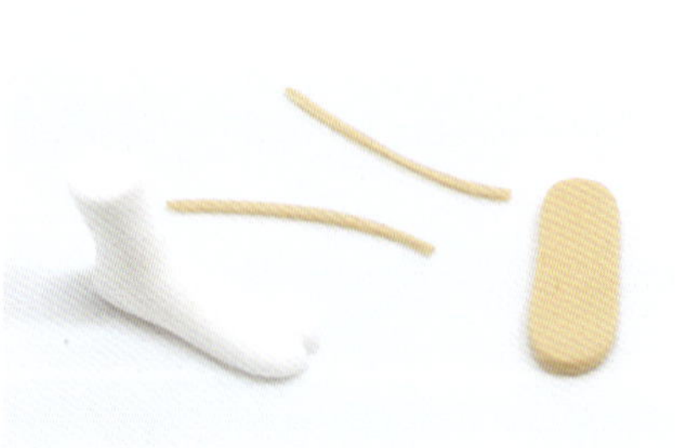

3.

做出脚和鞋子的部件。

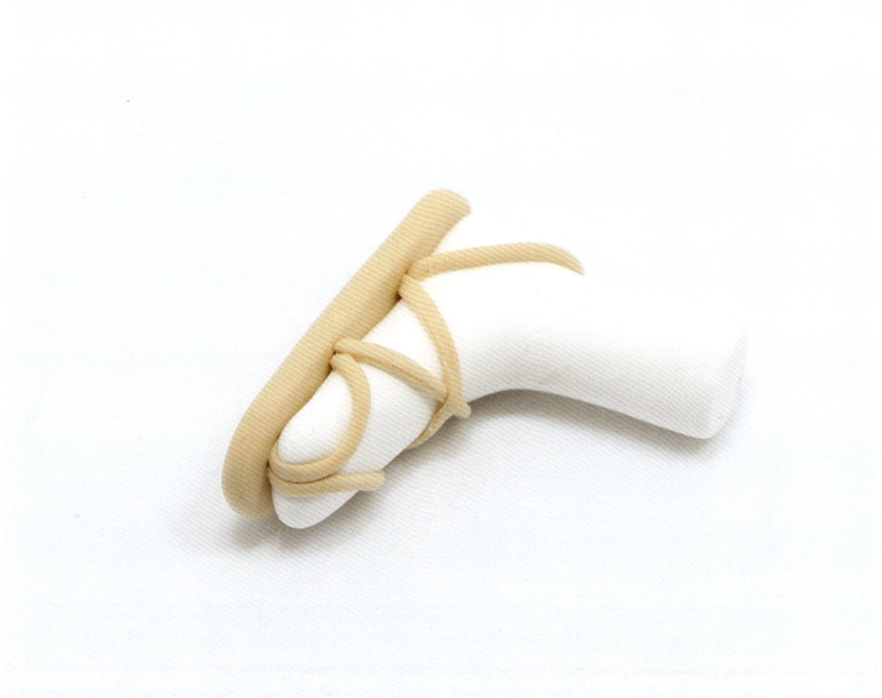

4.

如图装上鞋底，并捆绑鞋带。用同样的方法再做出一只。

5.

如图组合腿和脚。

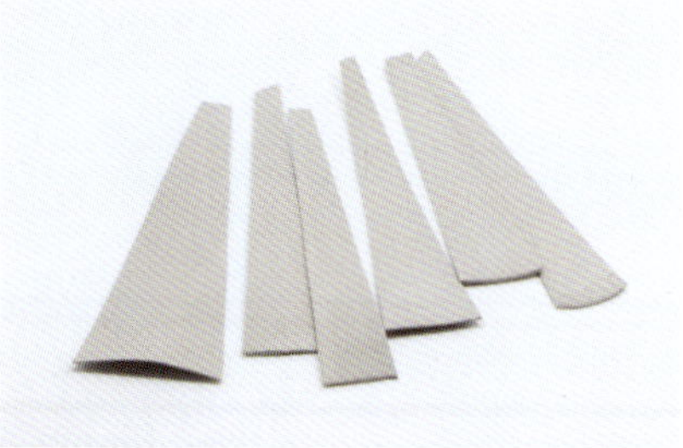

6.

裁剪一些灰色薄片，做成裙片。

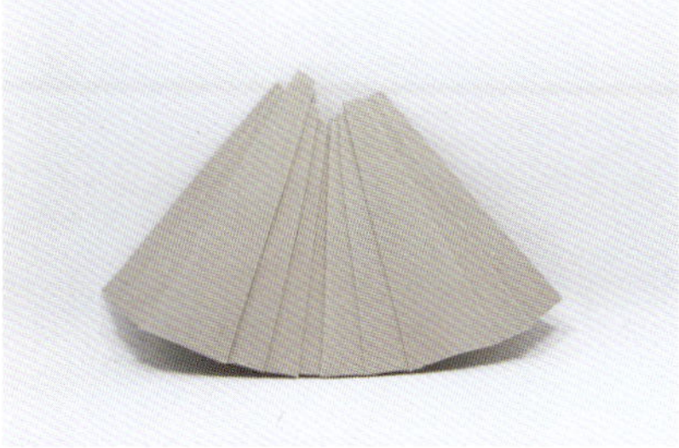

7.

如图拼接薄片。

8.

用手钻在底座上打孔。

9.

用泥饼包裹底座。

10.

做一些褐色泥条，压扁并剪开。

11.

照图示拼接泥条并打桩。

12.

用裙片包裹下身后，固定在底座上。

13.

如图前后粘贴两片蓝色梯形泥片。

14.

在腰部连接一个黑色圆柱。

15.

用包边的红色泥条如图裹上。

16.

如图添加装饰。

17.

做出挂件的各个组件。

18.

照图示粘贴组合。

19.
如图组合起来。

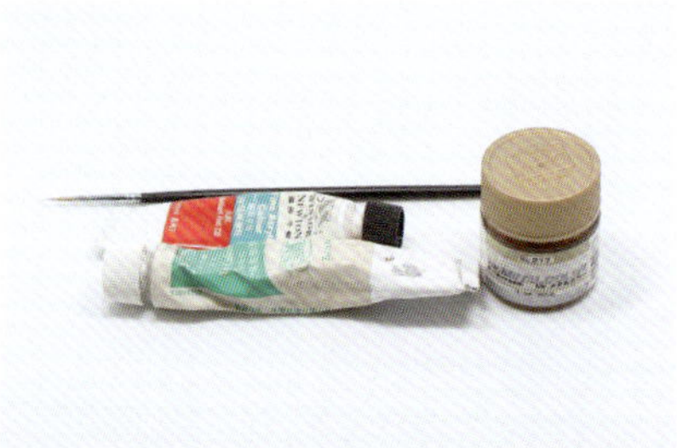

20.
准备白色、金色和红色丙烯颜料。

21.
如图，用丙烯颜料上色后组装，并剪去多余的铜桩。

22.
裁剪出腰部细节装饰。

23.
包边，并在下方打两个孔。

24.
将泥条压扁，做成蝴蝶结。

25.
做出如图挂穗。

26.
用塑料刀在挂穗上压出纹理。

27.
在顶端连接上细泥条。

28.

做两段细条从小孔穿过，捏成环状。

29.

做出稍大一些的挂穗,压出纹理。

30.

如图组装各部件。

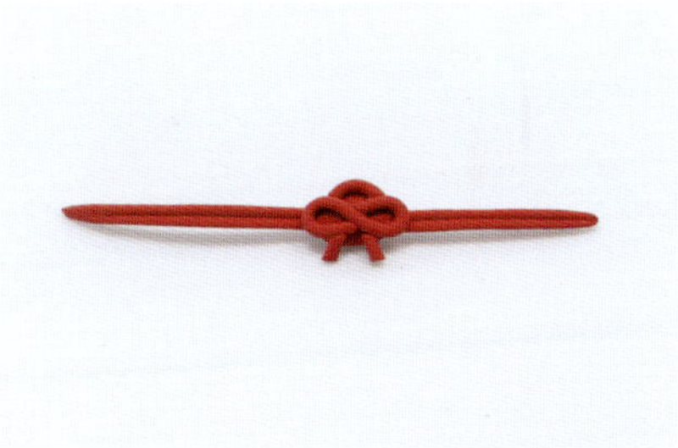

31.

做出一个简易的中国结。

32.

绕在腰间。

33.

如图，用金色丙烯颜料上色。

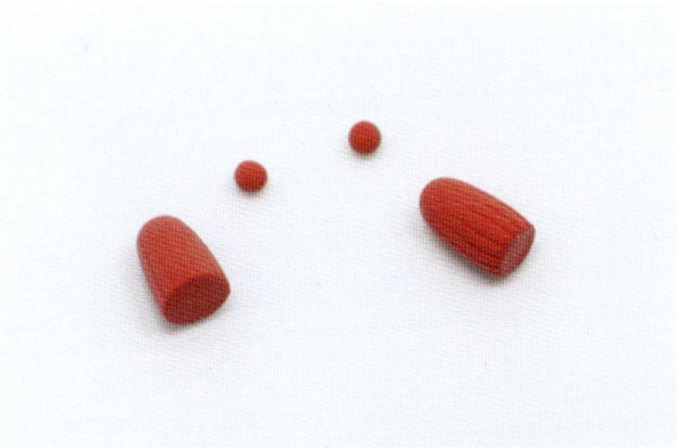

34.

做出红色挂穗。

35.

组装效果图。

手臂的制作

1.
将上下半身连接起来。

2.
擀一张白色泥片，并修剪如图。

3.
做出褶子。

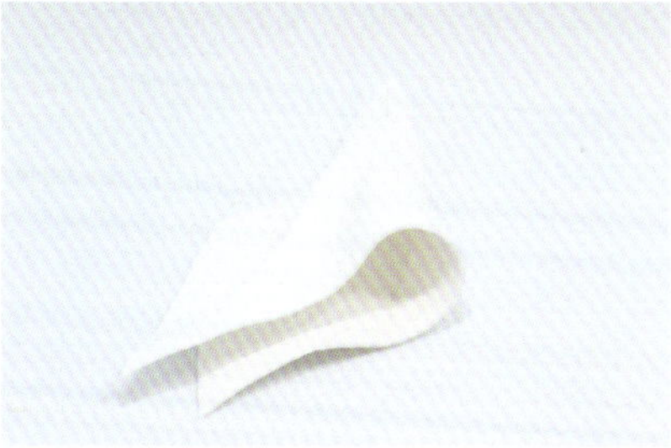

4.
褶子效果图。

5.
做出蓝色泥片并修剪。

6.
做出褶子。

7.
褶子效果图。

8.
将蓝色泥片包在白色泥片外面，注意留出白色尖部。

9.
如图在上衣背部剪出一个洞。

10.
将组合好的泥片塞进洞里。

11.
侧面展示。

12.
正面展示。

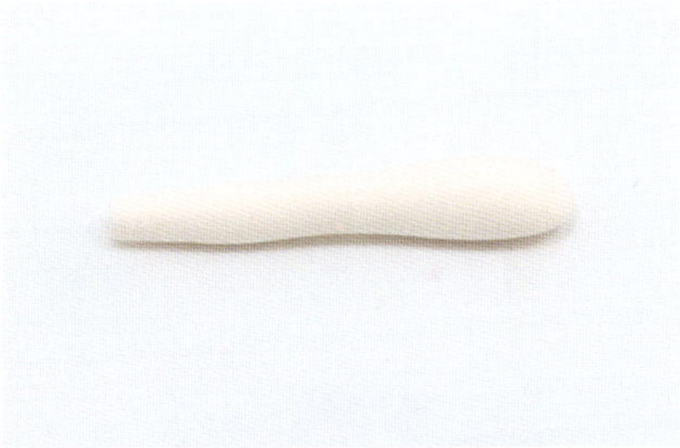

13.
捏出手臂。

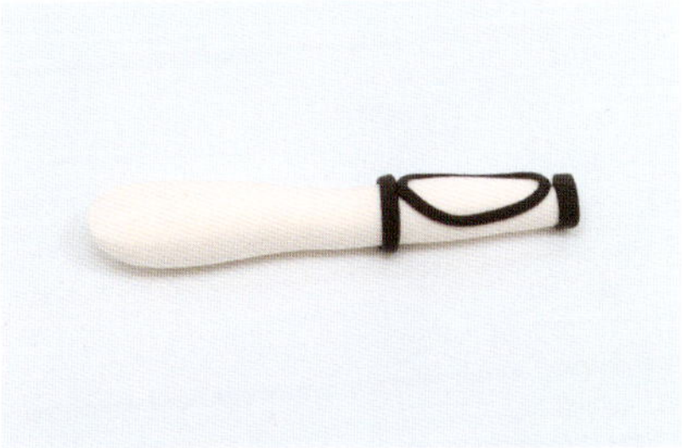

14.
贴上黑色细条。

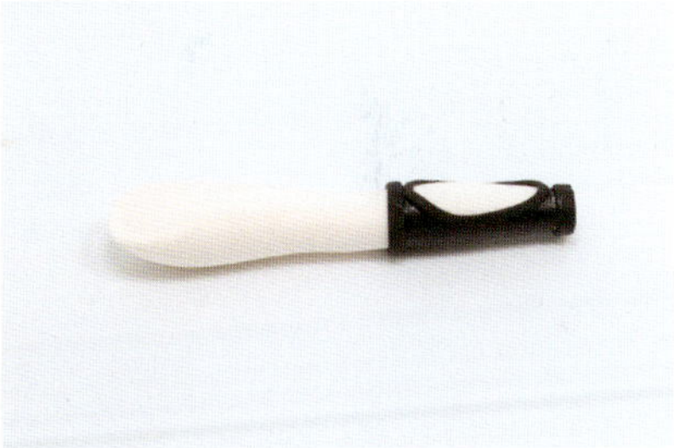

15.
照图示涂上黑色丙烯颜料。

16.
擀一张白色泥片并裁剪如图。

17.
再做一张蓝色泥片并裁剪。

18.
做褶子。

19.

褶子完成图。

20.

用蓝色泥片包裹白色泥片。

21.

把手臂裹在最里面。

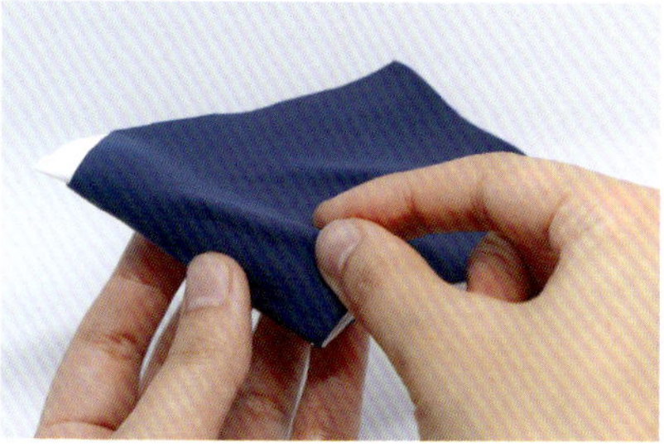

22.

捏出褶子。

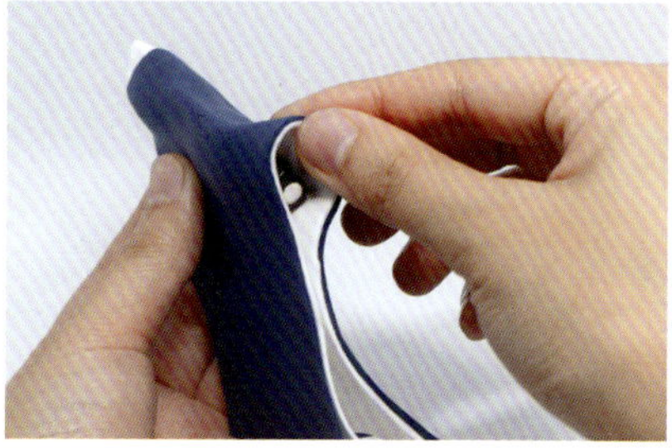

23.

要确保袖口没有粘住。

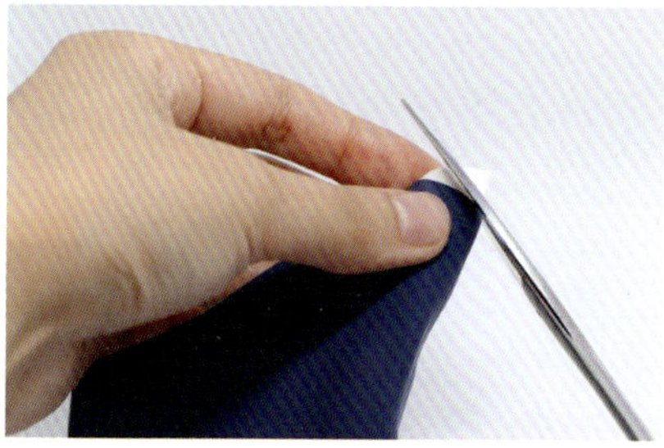

24.

剪掉多余的部分。

25.

如图粘贴手臂和袖子泥片。

26.

正面展示。

27.

如图裁剪出一张泥片。

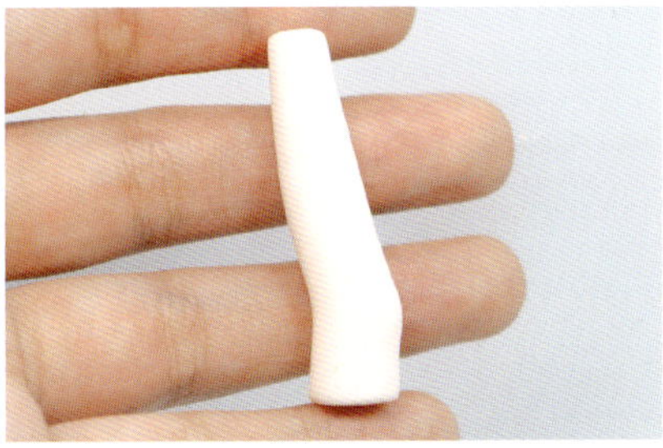

28.

捏出手臂。

29.

将黑色泥条压扁。

30.

将泥条如图粘贴在手臂上。

31.

将它与上半截手臂连接。

32.

在连接处包边。

33.

照图示给小臂涂上黑色丙烯颜料。

34.

修剪泥片。

35.

捏出两只手，将泥片贴在手背上。

36.

组装上手。

装饰配件的制作

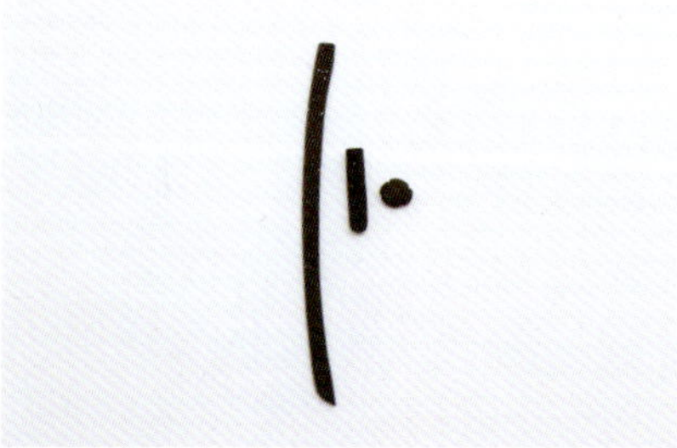

1.
做出武士刀的各部件。

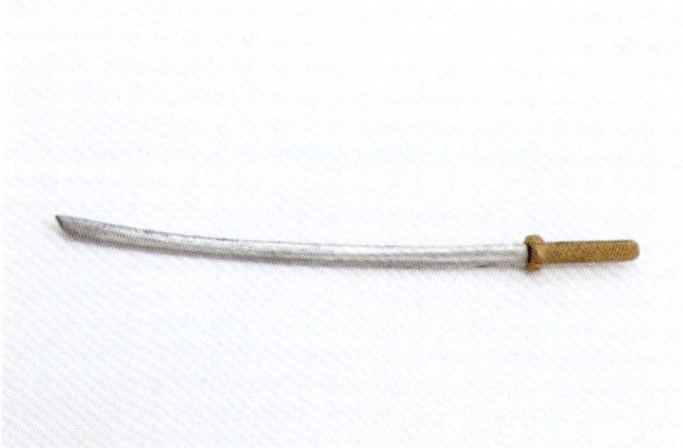

2.
如图连接并上色。

3.
做出一些黑色小挂穗。

4.
搓条并弯折。

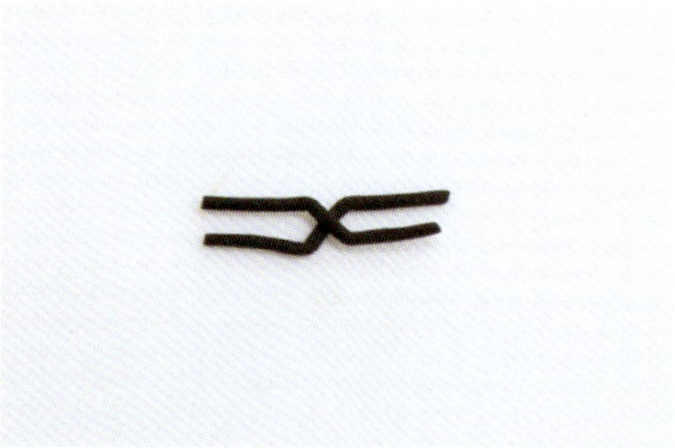

5.
将两根细条照图示连接起来。

6.
注意两端相接。

7.
将挂穗等装饰如图粘贴在衣服相应位置。

8.
用金色丙烯颜料上色。

9.
做出背面挂穗。

10.

如图在袖子上绘制出花纹。

11.

在下摆上绘制出花纹。

12.

在袖口粘贴袖扣，并上色。

13.

效果展示。

头部的制作

1.

设计脸部表情。

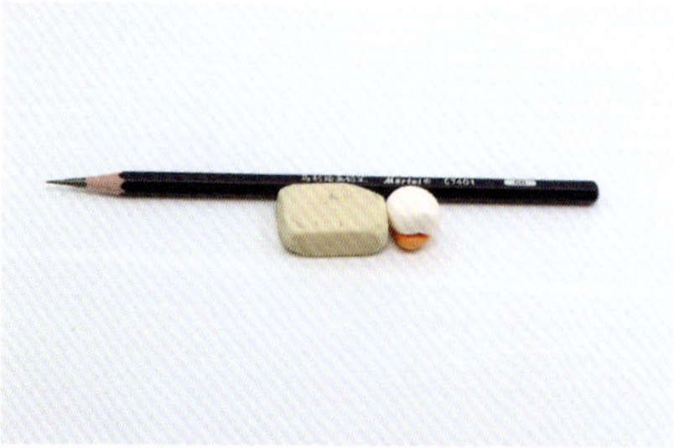

2.

用软性铅笔打稿。

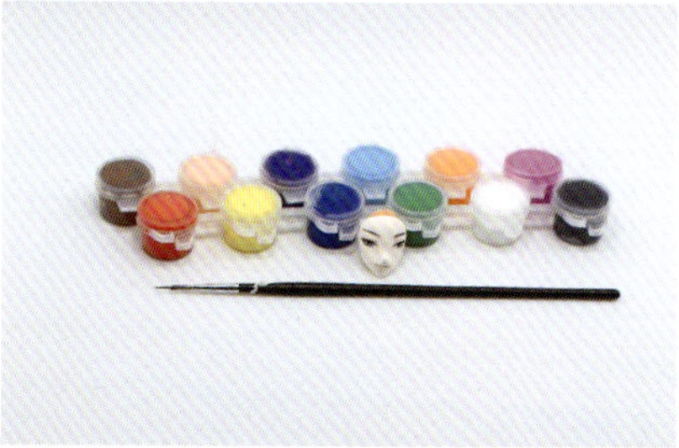

3.

用面相笔蘸取丙烯颜料上色。

4.

绘制出脸部。

5.

用深色黏土包裹后脑勺。

6.

侧面展示。

7.

做一些纺锤形发片并压扁，剪开发梢。

8.

贴出第一层发片。

9.

贴出第二层发片。

10.

做出耳朵，并紧贴发片粘上耳朵。

11.

做出并贴上刘海儿。

12.

如图细化刘海儿。

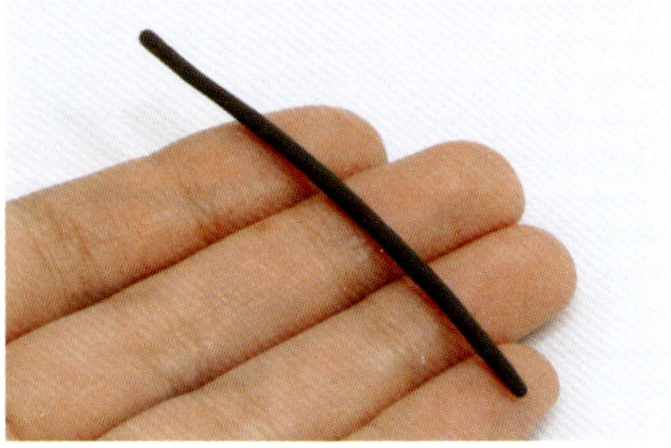

13.

搓一根黑色细条，压扁。

14.

将细条如图贴在刘海儿上。

15.

贴出第三层发片。

16.

背面展示。

17.

侧面展示。

18.

正面展示。

19.

再做一根细条，剪成小碎块。

20.

照图示拼接在一起，并粘在头上的细条上。

21.

做出两个挂穗，并排粘在细条上，如图上色。

22.

做出脑后发饰，粘上。

23.

正面展示。

24.

背面展示。

25.

将头部与躯体连接起来。

26.

完成图。

图书在版编目（CIP）数据

幸福手作　超轻黏土．正比人物／墨叔手工工作室（末日）主编．—郑州：河南美术出版社，2017.7（2019.9）

ISBN 978-7-5401-3864-6

Ⅰ．①幸…　Ⅱ．①墨…　Ⅲ．①黏土－手工艺品－制作　Ⅳ．①TS973.5

中国版本图书馆 CIP 数据核字(2017)第 084417 号

幸福手作　超轻黏土

正比人物

墨叔手工工作室（末日）／主编

策　　划　陈　宁　孙俏俏

责任编辑　陈　宁　任　瑜

文字编辑　王淑娟

责任校对　敖敬华

装帧设计　孟繁益

执行设计　杨慧芳

出版发行　河南美术出版社

地　　址　郑州市经五路 66 号　邮编：450002

电　　话　（0371）65727637

制　　版　河南金鼎美术设计制作有限公司

印　　刷　郑州印之星印务有限公司

开　　本　889mm×1194mm　1/16

印　　张　8

字　　数　94 千字

版　　次　2017 年 7 月第 1 版

印　　次　2019 年 9 月第 4 次印刷

书　　号　ISBN 978-7-5401-3864-6

定　　价　49.00 元